KOMPAKT-WISSEN CHEMIE

Dietmar Scherr

Grundwissen Chemie Mittelstufe

STARK

Bildnachweis
Umschlagsbild: © Willi-Fotolia.com
S. 91: © José Marafona/Dreamstime.com

ISBN 978-3-86668-282-5

Inhalt

Autor: Dr. Dietmar Scherr

Vorwort

Liebe Schülerin, lieber Schüler,

dieser Band aus der Reihe Kompakt-Wissen bietet dir eine präzise und gleichzeitig leicht nachvollziehbare Darstellung des Unterrichtsstoffes zu den Themen Stoffe und Stoffeigenschaften, Atombau und Periodensystem, Säure-Base- und Redoxreaktionen sowie zu organischen Stoffklassen und Biomolekülen. Er eignet sich damit hervorragend für eine rasche und effektive Vorbereitung auf den Unterricht und anstehende Tests.

- Einprägsame **Definitionen**, anschauliche **Beispiele** und informative **Abbildungen** gewährleisten eine zeitsparende Wiederholung der grundlegenden Themen der Mittelstufe.
- **Kernaussagen** und **wichtige Begriffe** sind blau hervorgehoben.
- Zahlreiche **Querverweise** helfen dir dabei, Zusammenhänge zwischen den verschiedenen Stoffgebieten zu erkennen und das erlernte Wissen miteinander zu vernetzen.
- Ein **umfangreiches Stichwortverzeichnis** ermöglicht das gezielte Nachschlagen von Fachbegriffen, Definitionen und Reaktionsmechanismen.

Viel Freude und Erfolg bei der Arbeit mit diesem Buch wünscht dir

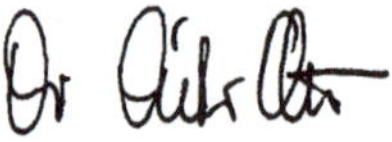

Dr. Dietmar Scherr

Stoffe und Reaktionen

1 Stoffeigenschaften und Teilchenmodell

1.1 Stoffeigenschaften

Unsere Umwelt besteht aus Stoffen mit ganz unterschiedlichen Eigenschaften. Ein Chemiker untersucht diese Stoffe, sortiert sie nach ihren Eigenschaften und verändert sie mithilfe bestimmter Techniken. Hierbei unterscheidet man zwischen einheitlich zusammengesetzten Stoffen, sogenannten Reinstoffen, und Stoffgemischen. Aluminium ist ein Reinstoff, der uns im Haushalt z. B. in Form von Getränkedosen oder Aluminiumfolie begegnet. Häufiger sind in unserer Umgebung aber **Stoffgemische**.
Viele Eigenschaften von Stoffen lassen sich voraussagen und gezielt verändern. Wie unterschiedlich die Eigenschaften auch relativ nah verwandter Stoffe (z. B. Stoffklasse der Metalle) sind, ist in Tabelle 1 an einigen Beispielen gezeigt.

Metall	Dichte $[g \cdot cm^{-3}]$	Schmelztemperatur [°C]	Elektrische Leitfähigkeit $[S \cdot m^{-1}]$*	Härte [Mohshärte] **
Aluminium	2,70	659	37 700 000	2,75
Eisen	7,86	1536	9 900 000	4,00
Blei	11,34	327	4 840 000	1,50
Gold	19,30	1064	45 000 000	2,50

Tab. 1: Eigenschaften von Gebrauchsmetallen
* Einheit: Siemens pro Meter
** Härteskala anhand einer Härtebestimmung durch Ritzen. Je größer der Wert ist, umso härter ist der Stoff. Der härteste Stoff ist Diamant mit der Mohshärte 10.

Die in der Tabelle beschriebenen Eigenschaften sind messbar und lassen sich mit geeigneten Messvorrichtungen experimentell bestimmen. Weitere wichtige Stoffeigenschaften für den Chemiker sind die, die er mit seinen Sinnen wahrnehmen kann, vor allem **Farbe**, **Geruch** und **Geschmack**.

Aggregatzustände

Wasser ist bei den in unserer Umgebung vorherrschenden Temperaturen in der Regel flüssig. Im Winter gefriert dieser Stoff zu Eis und wird fest. Erhitzen wir Wasser bei Normaldruck auf 100 °C, verdampft es.

Die drei Zustände der Materie, **fest, flüssig** und **gasförmig,** werden als **Aggregatzustände** bezeichnet.

Der Übergang eines Stoffes in einen anderen Aggregatzustand erfolgt meist durch Temperaturänderung bei konstantem Druck. Allerdings können Stoffe auch bei konstanter Temperatur durch Veränderungen der Druckverhältnisse in einen anderen Aggregatzustand überführt werden.

Beispiel Feuerzeuggas (Flüssiggas) steht im Gastank des Feuerzeugs unter hohem Druck und ist daher flüssig. Durch das Öffnen eines Ventils verringert sich der Druck und gasförmiges Butan (Bestandteil des Feuerzeuggases) strömt aus.

Mitunter kann ein Aggregatzustand auch übersprungen werden. Trockeneis ist festes Kohlenstoffdioxid und verdampft, ohne vorher flüssig zu werden. Dieser Vorgang wird als **Sublimation** bezeichnet, der umgekehrte Vorgang als **Resublimation**.

Führt man einem Stoff Wärme zu, nimmt seine Temperatur so lange stetig zu, bis die Umwandlungstemperatur erreicht ist. Bei dieser Temperatur erfolgt der Übergang in einen anderen Aggregatzustand. Da die bereitgestellte Energie für diese Phasenumwandlung benötigt wird, bleibt die Temperatur des Stoffes zunächst konstant. Ist die Phasenumwandlung abgeschlossen, steigt die Temperatur des Stoffes erneut, bis die Temperatur der nächsten Phasenumwandlung erreicht ist.

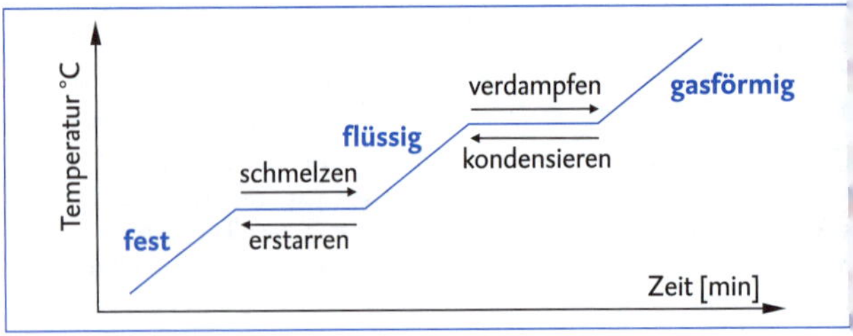

Abb. 1: Temperatur-Zeit-Diagramm bei Phasenumwandlungen

Die folgenden Begriffe beschreiben die verschiedenen Übergänge zwischen zwei Aggregatzuständen:

Schmelzen	Umwandlung vom festen in den flüssigen Zustand
Sieden (Verdampfen)	Umwandlung vom flüssigen in den gasförmigen Zustand
Verdunsten	Umwandlung vom flüssigen in den gasförmigen Zustand unterhalb der Siedetemperatur
Erstarren	Umwandlung vom flüssigen in den festen Zustand
Sublimieren	Umwandlung vom festen in den gasförmigen Zustand
Resublimieren	Umwandlung vom gasförmigen in den festen Zustand

In den drei Aggregatzuständen können den jeweiligen Stoffen gewisse Eigenschaften zugeschrieben werden:

gasförmig	• komprimierbar • füllt den zur Verfügung stehenden Raum vollständig aus • dehnt sich beim Erwärmen stark aus • verschiedene Gase vermischen sich eigenständig
flüssig	• nicht komprimierbar • dehnt sich beim Erwärmen aus • nimmt jede (Gefäß-) Form an
fest	• schwer zu verformen • nicht komprimierbar • dehnt sich beim Erwärmen aus

1.2 Das Teilchenmodell

Um die verschiedenen (physikalischen) Eigenschaften von Stoffen und die Vorgänge bei Phasenumwandlungen verstehen und erklären zu können, bedient man sich bestimmter Modellvorstellungen.

Das Teilchenmodell

- Alle Stoffe bestehen aus kleinen, lichtmikroskopisch unsichtbaren **Teilchen** (Teilchen = Atome, Ionen oder Moleküle).
- In erster Näherung nimmt man eine **kugelförmige Gestalt** dieser Teilchen an.
- Zwischen den Teilchen ist nichts als **leerer Raum**.
- Die Teilchen befinden sich in **ständiger, geradliniger Bewegung**.
- Zwischen den Teilchen wirken **anziehende** und **abstoßende Kräfte**.

Mithilfe des Teilchenmodells können die Unterschiede der drei Aggregatzustände veranschaulicht werden. In **Gasen** ist der Abstand zwischen den Teilchen sehr groß und die zwischen ihnen herrschenden Anziehungskräfte dementsprechend gering. Die Teilchen eines Gases sind völlig ungeordnet. In **Flüssigkeiten** sind die Teilchen dagegen deutlich dichter gepackt und regellos nach allen Seiten beweglich. In **Feststoffen** sind die Teilchen regelmäßig angeordnet und schwingen nur auf festen Plätzen hin und her. Die Anziehungskräfte sind zwischen den Teilchen von Flüssigkeiten und Feststoffen deutlich größer als zwischen Gasteilchen.

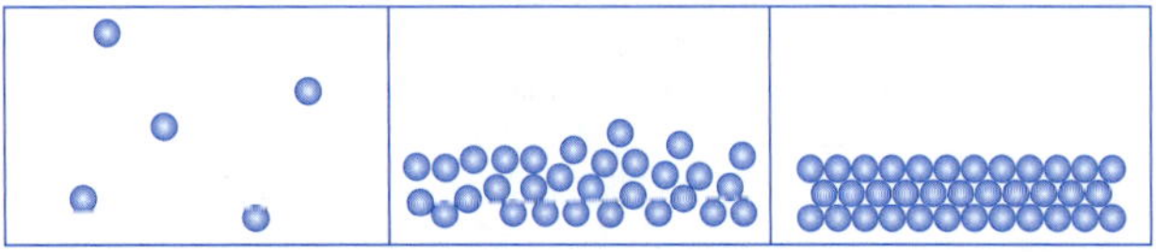

Abb. 2: Modellvorstellungen der drei Aggregatzustände gasförmig (links), flüssig (Mitte) und fest (rechts)

Je weniger Raum einer bestimmten Anzahl von Teilchen zur Verfügung steht, desto häufiger stoßen die Teilchen elastisch[1] an die umgebenden

1 Als elastisch bezeichnet man Stöße, bei denen keine Wärme entsteht und die Bewegungsenergie aller stoßenden Teilchen erhalten bleibt. Diese Vorstellung ist in der sichtbaren Welt nicht realisierbar, da hier bei allen mechanischen Vorgängen Wärme entsteht.

Gefäßwände; der Druck im Gefäß steigt dabei an. Mit steigender Temperatur eines Gases erhöht sich die mittlere Geschwindigkeit der Teilchen und gleichzeitig die Anzahl der Stöße gegen die Gefäßwand. Auch hierbei kommt es zu einer Erhöhung des Drucks.

Der **Druck** eines Gases ist die Folge der **elastischen Stöße** auf die umgebenden Wände.

Die Abbildung zeigt die Modellvorstellung bei der Kompression eines Gases. Befindet sich der Kolben in Ruhe (I), herrscht innen und außen ein Gleichgewicht zwischen den Stößen gegen die Wände, d. h., der Druck ist innen und außen gleich hoch. Wird der Kolben nach unten gedrückt, verringert sich der zur Verfügung stehende Raum im Inneren (II). Der Druck ist nun innen höher als außen, da mehr Teilchen von innen als von außen an die Wände stoßen. Beim Loslassen des Kolbens kann man beobachten, wie er wieder herausgedrückt wird. Die Wahrnehmung des erhöhten Drucks erfolgt ausschließlich über die Bewegung des Kolbens.

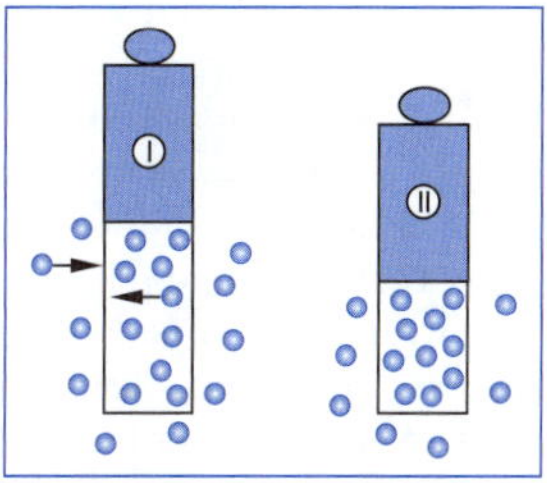

Abb. 3: Kompression eines Gases

Kohäsion

Zwischen den Teilchen einer Flüssigkeit wirken vergleichsweise starke Anziehungskräfte, die allgemein als **Kohäsionskräfte** bezeichnet werden. Diese Kräfte sind verantwortlich dafür, dass kleine Flüssigkeitsmengen bestrebt sind, kugelähnliche Tropfen zu bilden, um auf diese Weise ihre Oberfläche möglichst gering zu halten. Ohne äußere Einflüsse, also im schwerelosen Raum, nehmen sie sogar vollkommene Kugelgestalt an. Auch dieses Phänomen kann mithilfe des Teilchenmodells erklärt werden.

Im Inneren einer Flüssigkeit erfahren die Teilchen Anziehungskräfte von allen Seiten, sodass sich diese Anziehungskräfte gegenseitig aufheben. Für die Teilchen an der Oberfläche einer Flüssigkeit gibt es aber nach oben keine benachbarten Teilchen, mit denen sie wechselwirken könnten. Diese Teilchen werden daher nach innen gezogen; es wirkt eine **nach innen gerichtete Kraft**.

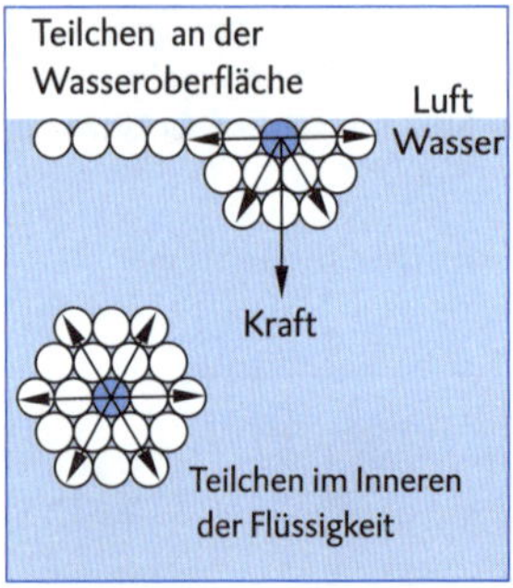

Abb. 4: Teilchenmodell zur Entstehung der Oberflächenspannung von Wasser

Diese Kraft ist bestrebt, die Flüssigkeitsoberfläche möglichst gering zu halten. An der Grenzfläche zwischen Flüssigkeit und Luft führt dies dazu, dass sich die Flüssigkeitsoberfläche ähnlich wie eine Haut anspannt. Dieses Phänomen wird als **Oberflächenspannung** bezeichnet. Die Oberflächenspannung von Wasser ist sehr groß und bewirkt, dass eine flach aufs Wasser gelegte Rasierklinge oder Büroklammer auf der Oberfläche schwimmt und nicht untergeht.

Adhäsion

Bei **Adhäsionskräften** handelt es sich um Kräfte zwischen einer Flüssigkeit und der sie umgebenden Gefäßwand. Befindet sich Wasser in engen Glaszylindern (z. B. Pipetten), beobachtet man eine Wölbung nach unten, die dadurch zustande kommt, dass an den Rändern Haftkräfte wirksam werden. Wie stark solche Adhäsionskräfte sein können, kann man erkennen, wenn man zwei Glasplatten, zwischen denen sich nur ein dünner Wasserfilm befindet, zu trennen versucht. Aufgrund der wirkenden Adhäsionskräfte lassen sich die Glasplatten nicht auseinanderziehen, sondern nur gegeneinander verschieben.

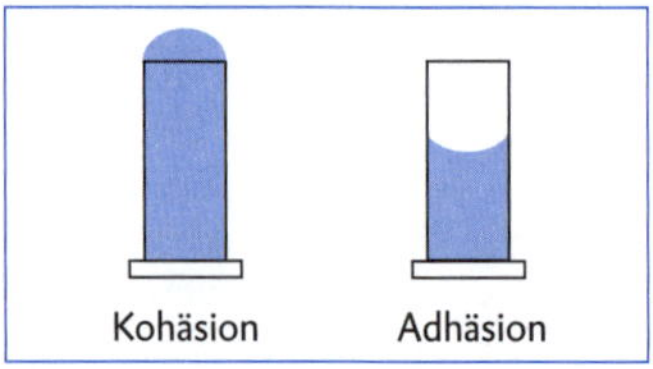

Abb. 5: Kohäsions- und Adhäsionskräfte

2 Reinstoffe und Stoffgemische

2.1 Reinstoffe

Reinstoffe sind Stoffe, die nur aus **einer** Teilchensorte bestehen.

Reinstoffe besitzen bestimmte Stoffeigenschaften (Schmelz- und Siedepunkte, elektrische Leitfähigkeit, Dichte etc.), anhand derer sie eindeutig charakterisiert werden können. Nur mit **physikalischen Trennverfahren** wie Destillation, Filtration oder Extraktion (vgl. S. 8 f.) können Reinstoffe nicht weiter aufgetrennt werden. Handelt es sich bei dem Reinstoff um eine chemische Verbindung (vgl. S. 11), gelingt eine weitere Aufspaltung jedoch durch chemische Reaktion.

Beispiel

Eisensulfid (FeS) ist ein Reinstoff, der durch chemische Zersetzung in die Reinstoffe Eisen und Schwefel aufgespalten werden kann. Aluminium ist ein Reinstoff, der sich nicht weiter aufspalten lässt.

2.2 Stoffgemische

Oft geben wir Salz oder Zucker in Wasser, um es zu würzen oder zu süßen. Dabei verschwindet der Feststoff in der flüssigen Phase und es bleibt äußerlich nur eine klare Flüssigkeit zurück. Der Chemiker bezeichnet dies als **Lösung**. Der Feststoff hat sich in dem Lösungsmittel Wasser gelöst. Wird mehr Salz zu einer Salzlösung gegeben, löst sich der Feststoff zunächst immer langsamer, bis er sich schließlich gar nicht mehr löst und am Boden absetzt. Die Lösung über dem Bodenkörper bezeichnet man als **gesättigte Lösung**. Es kann kein weiteres Salz in ihr gelöst werden. Gibt man nun zu diesem Gemisch aus Bodenkörper und Lösung mehr Wasser, verschwindet der Bodenkörper allmählich und es entsteht wieder eine **homogene Mischung** der beiden Stoffe Wasser und Salz, also eine Lösung.

In **homogenen** Stoffgemischen können die unterschiedlichen Bestandteile optisch nicht voneinander unterschieden werden.

Gase und Flüssigkeiten können ebenfalls homogene Mischungen bilden. So könnten Fische unter Wasser ohne den darin gelösten Sauerstoff nicht mit ihren Kiemen atmen. Auch Alkohol (Ethanol) und Wasser sind in jedem Verhältnis miteinander mischbar.

Der Lösungsvorgang – die **Solvatation** – lässt sich mithilfe des Teilchenmodells gut darstellen. Die Lösungsmittelteilchen umhüllen die Teilchen des zu lösenden Stoffes in mehreren Lagen. Ist Wasser das Lösungsmittel, so bezeichnet man den Lösungsvorgang als **Hydratation** (vgl. S. 37 f.). Die gelösten Stoffteilchen werden von einer **Hydrathülle** umgeben.

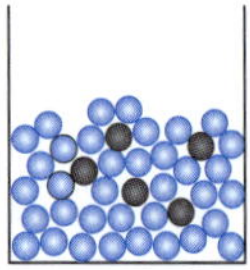

Abb. 6: Modellvorstellung der Solvatation

Vermischt man z. B. Sand und Wasser miteinander, entsteht ein **heterogenes Gemisch**, da sich der Sand nicht in Wasser löst.

In **heterogenen** Stoffgemischen sind die unterschiedlichen Bestandteile mit bloßem Auge oder mit optischen Hilfsmitteln (Mikroskop) erkennbar.

Ein Stoffgemisch, in dem feste Bestandteile (z. B. Sand) in einer Flüssigkeit (z. B. Wasser) vorliegen, wird als **Suspension** bezeichnet. Unter einer **Emulsion** versteht man ein heterogenes Gemisch zweier Flüssigkeiten (z. B. Wasser und Öl).

2.3 Trennverfahren

Die einzelnen Bestandteile heterogener fest/flüssig-Stoffgemische können durch **Filtration** leicht voneinander getrennt werden. Voraussetzung für eine vollständige Trennung der Stoffe ist dabei die Unlöslichkeit des Feststoffes in der Flüssigkeit. Eine andere Methode, fest/flüssig-Stoffgemische aufzutrennen, ist das **Dekantieren**. Hat der Feststoff eine größere Dichte als die Flüssigkeit, setzt er sich am Boden ab. Die überstehende Lösung kann dann vorsichtig abgeschüttet werden. Mithilfe einer **Zentrifuge** kann das Absetzen fester Partikel einer Suspension beschleunigt werden.
Zwei miteinander mischbare Flüssigkeiten (z. B. Alkohol und Wasser) können durch **Destillation** voneinander getrennt werden, wenn sie sich in ihren Siedepunkten deutlich unterscheiden. Alkohol (Ethanol) siedet unter Normaldruck bei 78 °C, Wasser bei 100 °C. Der Stoff mit der niedrigeren Siedetemperatur, in diesem Fall das Ethanol, verdampft zuerst, kondensiert am Liebigkühler und kann im Vorlagegefäß aufgefangen werden.

Der Liebigkühler ist ein doppelt ummanteltes Rohr, durch dessen äußeren Mantel Kühlwasser im Gegenstrom gepumpt wird.

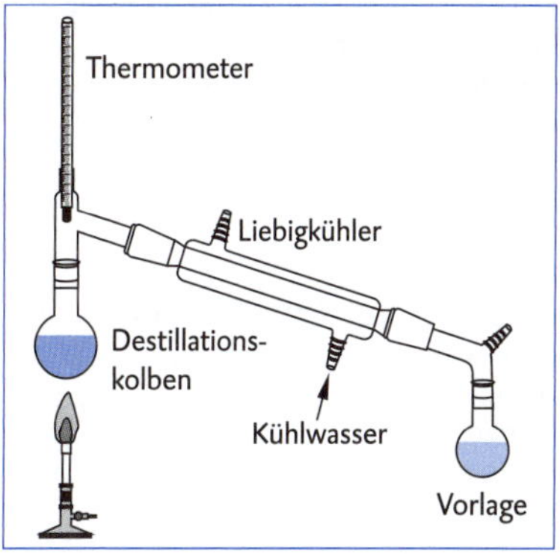

Abb. 7: Destillationsapparatur nach Liebig

Ist ein Stoff in zwei nicht miteinander mischbaren Flüssigkeiten in unterschiedlichem Maße löslich, so kann zur Abtrennung dieses Stoffes eine flüssig/flüssig **Extraktion** durchgeführt werden. Iod kann beispielsweise aus einer wässrigen Lösung, in der noch andere wasserlösliche Stoffe enthalten sind, mit Benzin extrahiert werden. Da Iod in Benzin wesentlich besser löslich ist als in Wasser, kann es so von den übrigen Stoffen abgetrennt und als Reinstoff erhalten werden.

Das Extraktionsverfahren wird in einem Scheidetrichter durchgeführt. Durch Schütteln wird eine starke Verteilung der beiden Flüssigkeiten erreicht und an den Grenzflächen erfolgt ein Übertritt des zu trennenden Stoffes in das jeweils andere Lösungsmittel. Über einen Auslauf kann die Lösung, die sich aufgrund ihrer größeren Dichte im unteren Teil des Scheidetrichters gesammelt hat, abgetrennt werden. Auf diese Weise lassen sich auch nicht mischbare Flüssigkeiten voneinander trennen, z. B. Öl und Wasser. Das Öl befindet sich aufgrund seiner geringeren Dichte oben, das Wasser unten.

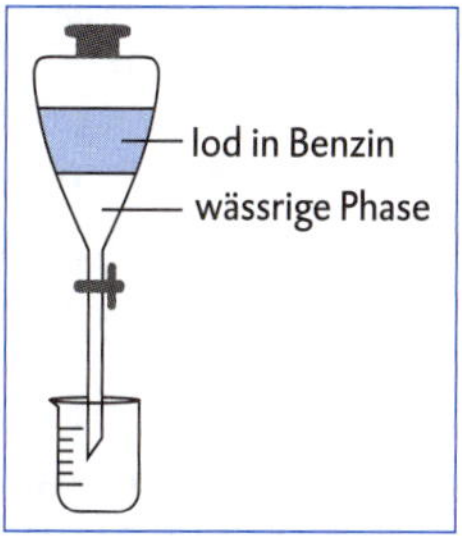

Abb. 8: Scheidetrichter zum Trennen von nicht mischbaren Flüssigkeiten

Bei der **Chromatografie** werden Stoffgemische in einem Lösungsmittel gelöst und anschließend auf einem rechteckigen Spezialpapier oder auf einer mit Kieselgel beschichteten Platte auf einer Startlinie aufgetragen. Das Papier bzw. das Kieselgel bildet die **stationäre Phase** und wird in ein Fließmittel, die sogenannte **mobile Phase**, gestellt. Das Fließmittel wandert nach oben und nimmt dabei die einzelnen Stoffe mit, je nachdem wie gut sie sich im Fließmittel lösen oder wie stark sie von der stationären Phase adsorbiert werden. Die Verteilung der Stoffe zwischen mobiler und stationärer Phase ist entscheidend für ihre Wanderungsstrecke. Die Chlorophylle a und b lassen sich so von anderen Blattfarbstoffen (z. B. Carotin) abtrennen.

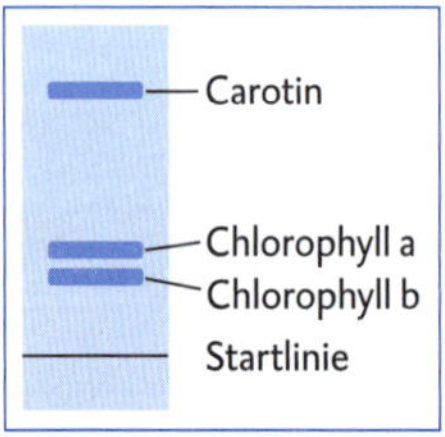

Abb. 9: Chromatografie

3 Grundlagen chemischer Reaktionen

3.1 Die Umwandlung von Stoffen

Chemische Reaktionen sind **Stoffumwandlungsprozesse**. Stoffe mit charakteristischen Eigenschaften werden unter Aufnahme oder Abgabe von Energie (vgl. S. 73 ff.) in neue Stoffe mit neuen Eigenschaften umgewandelt. Aus einem oder mehreren Ausgangstoffen **(Edukte)** entstehen im Verlauf einer chemischen Reaktion ein oder mehrere Endstoffe **(Produkte)**. Die Darstellung aller chemischen Reaktionen erfolgt mithilfe von **Reaktionsgleichungen**. In **Wortgleichungen** werden die systematischen Namen der Edukte und Produkte verwendet.

Beispiel Reaktion von Eisen und Schwefel zu Eisensulfid:

$$\underbrace{\text{Eisen} + \text{Schwefel}}_{\textbf{Edukte}} \longrightarrow \underbrace{\text{Eisensulfid}}_{\textbf{Produkt}}$$

Man unterscheidet zwischen drei Reaktionstypen: Synthese (Aufbau), Analyse (Zersetzung) und Umsetzung. Den Aufbau eines Reinstoffes aus seinen Bestandteilen bezeichnet man als **Synthese**. Die Zerlegung eines Reinstoffes in seine Bestandteile bezeichnet man als **Analyse**.

Eine chemische **Umsetzung** ist eine Reaktion, bei der aus zwei oder mehr Edukten zwei oder mehr Produkte entstehen.

Beispiel

Synthese:
Eisen + Schwefel ⟶ Eisensulfid

Analyse:
Eisensulfid ⟶ Eisen + Schwefel

Umsetzung:
Eisenoxid + Aluminium ⟶ Eisen + Aluminiumoxid

3.2 Chemische Grundgesetze

Die experimentelle Analyse von Stoffen führt stets zu bestimmten Bestandteilen, die sich durch chemische Reaktionen nicht weiter aufspalten lassen. So kann etwa Wasser in Wasserstoff und Sauerstoff, diese aber nicht weiter zerteilt werden.

- Reinstoffe, die durch chemische Reaktion in weitere Reinstoffe zerlegt werden können, werden als **chemische Verbindungen** bezeichnet.
- Reinstoffe, die durch chemische Reaktion nicht weiter aufgespalten werden können, werden als **Elemente** bezeichnet.

Der griechische Philosoph Demokrit (ca. 460 – 370 v. Chr) entwickelte als Erster die Theorie, dass ein Körper nicht unbegrenzt teilbar, sondern aus kleinsten, unspaltbaren Teilchen aufgebaut ist. Die Vorstellung vom **Atom** (griechisch *atomos* = das Unteilbare) war geboren. Die im 18. Jahrhundert formulierten **chemischen Grundgesetze** zeigen, dass diese erste Vorstellung durchaus sinnvoll war.

- **Gesetz von der Erhaltung der Masse:** Bei einer chemischen Reaktion geht keine Masse verloren. Die Masse der Edukte ist gleich der Masse der Produkte.
- **Das Gesetz der konstanten Proportionen:** In einer chemischen Verbindung kommen die Elemente immer in gleichen Massenverhältnissen vor.

Beispiel Bringt man Kupfer (Cu) mit Schwefel (S) durch Erhitzen zur Reaktion, entsteht unter Aufglühen ein schwarzer, brüchiger Feststoff, das Kupfersulfid (CuS).

m(Cu)	m(S)	m(CuS)	m(Cu) : m(S)
63,5 g	32 g	95,5 g	2:1
127 g	64 g	191 g	2:1

Kupfer und Schwefel reagieren immer in demselben Massenverhältnis (ca. 2:1) miteinander, unabhängig davon, welche Mengen von Kupfer oder Schwefel vorgelegt werden. Lässt man also z. B. 127 g Kupfer mit 100 g Schwefel reagieren, so bleiben 36 g Schwefel übrig. Die Masse des Kupfersulfids entspricht der Summe der Massen der eingesetzten Edukte.

Eine Erweiterung des Gesetzes der konstanten Proportionen formulierte der englische Naturwissenschaftler John Dalton.

Das Gesetz der multiplen Proportionen: Gehen Elemente miteinander verschiedene Verbindungen ein, so stehen die Massen desselben Elements in den verschiedenen Verbindungen im Verhältnis kleiner ganzer Zahlen.

Beispiel Kupfer bildet mit Sauerstoff rotes Kupferoxid (Cu_2O) und schwarzes Kupferoxid (CuO).

Massenverhältnisse im roten Kupferoxid (Cu_2O):

$$\frac{m(\mathrm{Cu})}{m(\mathrm{O})} = \frac{8}{1}$$

Massenverhältnisse im schwarzen Kupferoxid (CuO):

$$\frac{m(\mathrm{Cu})}{m(\mathrm{O})} = \frac{4}{1}$$

Das Verhältnis der Massen von Kupfer in beiden Verbindungen:

$$\frac{m(\mathrm{Cu_{rot}})}{m(\mathrm{Cu_{schwarz}})} = \frac{8}{4} = \frac{2}{1}$$

Anhand dieser Gesetzmäßigkeiten formulierte John Dalton seine Atomhypothese.

Dalton'sche Atomhypothese

- Die Elemente bestehen aus kleinsten, nicht weiter teilbaren Teilchen, den **Atomen**.
- Alle Elemente bestehen aus **einer Atomsorte** mit einer spezifischen Masse.
- Es gibt so viele unterschiedliche Atome wie Elemente.
- Chemische Verbindungen entstehen durch Reaktion dieser Atome in bestimmten, immer gleichen Zahlenverhältnissen.
- Bei einer chemischen Reaktion werden keine Atome zerstört. Die Anzahl der Atome vor und nach der Reaktion ist also gleich.

3.3 Die relative Atommasse

Im Laufe des 19. Jahrhunderts wurden immer weitere Elemente gefunden und man begann damit, sie nach ihren Eigenschaften zu ordnen. Elemente mit gleichen oder ähnlichen Eigenschaften wurden in **Elementgruppen** zusammengefasst und untereinandergeschrieben. Es entstand das **Periodensystem der Hauptgruppenelemente** (vgl. S. 27).
Die Elementsymbole der verschiedenen Elemente bestehen aus ein bis zwei Buchstaben und stellen Abkürzungen des Elementnamens dar.

Beispiel

deutscher Name des Elements	lateinischer/griechischer Name des Elements	Elementsymbol
Wasserstoff	**H**ydrogenium	**H**
Sauerstoff	**O**xygenium	**O**
Silber	**A**r**g**entum	**Ag**
Zinn	**St**a**n**num	**Sn**

Aus dem Periodensystem kann neben der Ordnungszahl (vgl. S. 23) auch die Atommasse der Elemente abgelesen werden.

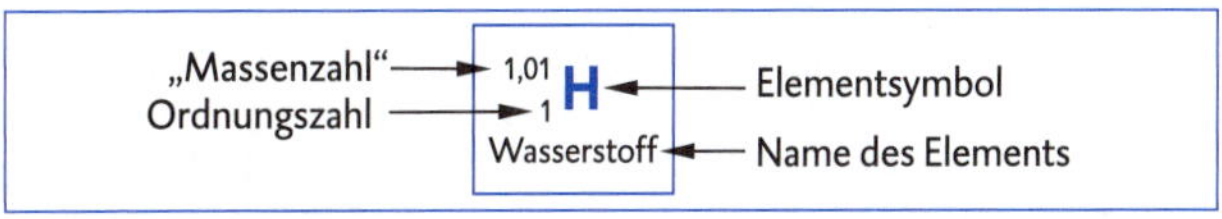

Abb. 10: Darstellung des Elementes Wasserstoff im Periodensystem

Die Bezeichnungen **„Massenzahl"** bzw. **relative Atommasse** haben sich eingebürgert. Denn bevor man die Massen der Atome eines Elements mittels Massenspektrometrie exakt bestimmen konnte, war es experimentell nur möglich, **Massenverhältnisse** zu ermitteln. Man hatte herausgefunden, dass sich die Gasdichten wie die Teilchenmassen verhalten. Wie viel größer also beispielsweise die Masse eines Stickstoffatoms gegenüber der eines Wasserstoffatoms ist, wurde aus den Gasdichten abgeleitet.

Beispiel Dichte von Wasserstoff (bei T = 0 °C und Normaldruck):

$\rho(H) = 0{,}0899\ g \cdot L^{-1}$

Dichte von Stickstoff (bei T = 0 °C und Normaldruck):

$\rho(N) = 1{,}25\ g \cdot L^{-1}$

$$\frac{\rho(H)}{\rho(N)} = \frac{0{,}0899}{1{,}25} = \frac{1}{13{,}9}$$

Das Stickstoffatom hat demnach eine etwa 14-mal größere Masse als das Wasserstoffatom.

Heute wird die **relative Atommasse** nicht mehr auf das Wasserstoffatom bezogen, sondern auf das Kohlenstoffatom mit der „Massenzahl" 12 (^{12}C).

> Die **relative Atommasse** gibt an, um wie viel Mal die Atommasse eines Elementes größer ist als 1/12 der Masse des Kohlenstoffatoms mit der „Massenzahl" 12.

3.4 Stoffmenge und molare Größen

Da Atome und ihre Massen sehr klein sind, im Labor aber in der Regel mit Massen in der Größenordnung von Milligramm, Gramm oder sogar Kilogramm experimentiert wird, hat es der Chemiker mit einer sehr großen Anzahl von Atomen zu tun. Um die zugrunde liegenden chemischen Berechnungen zu vereinfachen, wurde eine neue Basisgröße eingeführt – die **Stoffmenge *n*** mit der Einheit **Mol**.

> Die **Avogadrokonstante N_A** gibt die Anzahl der Teilchen in einem Mol an und beträgt **$6{,}022 \cdot 10^{23}$**.
> Die Stoffportion, die $6{,}022 \cdot 10^{23}$ Teilchen enthält, wird als **Stoffmenge n = 1 mol** bezeichnet.

Molare Masse

Nimmt man als Masse einer bestimmten Stoffportion die relative Atommasse in Gramm (bei Molekülen die entsprechende relative Molekülmasse in Gramm), so enthält diese Stoffportion $6{,}022 \cdot 10^{23}$ Teilchen und entspricht damit der Stoffmenge n = 1 mol.

Beispiel

Die Zahl der Atome in 12 g des Kohlenstoffnuklids ^{12}C oder in 14 g des Stickstoffnuklids ^{14}N beträgt $6{,}022 \cdot 10^{23}$.
Hinweis: Ein Nuklid ist eine Atomart mit einer bestimmten Massen- und Ordnungszahl.

Ein Mol enthält also stets so viele Teilchen, wie Atome in 12 g des Kohlenstoffnuklids ^{12}C enthalten sind. Das Kohlenstoffnuklid ^{12}C ist demnach der Bezug für die relative Atommasse und für die Stoffmenge. Versieht man die relative Atommasse mit der Einheit $g \cdot mol^{-1}$, erhält man die **molaren Massen** in der Einheit $\mathbf{g \cdot mol^{-1}}$. Die molare Masse eines Elements gibt demnach die Masse der Atome an, die in 1 mol enthalten sind.
Die Stoffmenge *n* einer Stoffportion entspricht dem Quotienten aus der Masse und der molaren Masse.

$$n = \frac{\text{Masse}}{\text{molare Masse}} = \frac{m}{M}; \quad \left[\frac{g}{g \cdot mol^{-1}} = mol\right]$$

Beispiel

Berechnung der Stoffmenge von 4 g Wasser (H_2O):

$$n(H_2O) = \frac{m(H_2O)}{M(H_2O)} = \frac{m(H_2O)}{2 \cdot M(H) + M(O)}$$

$$n(H_2O) = \frac{4\,g}{2 \cdot 1{,}01\,g \cdot mol^{-1} + 16\,g \cdot mol^{-1}} = \frac{4\,g}{18{,}02\,g \cdot mol^{-1}} = 0{,}22\,mol$$

Hinweis: Die molare Masse von Molekülen errechnet sich aus der Summe der molaren Massen der einzelnen Atome.

Die tatsächliche Masse eines Atoms m_{abs} **(absolute Atommasse)** in der Einheit Gramm entspricht dem Ouotienten aus der molaren Masse und der Avogadrokonstanten.

$$m_{abs} = \frac{\text{molare Masse}}{\text{Avogadrokonstante}} = \frac{M}{N_A}; \quad \left[\frac{g \cdot mol^{-1}}{mol^{-1}} = g\right]$$

Beispiel Für die tatsächliche Masse des Kohlenstoffnuklids ^{12}C ergibt sich:

$$m_{abs} = \frac{12\,g \cdot mol^{-1}}{6{,}022 \cdot 10^{23}\,mol^{-1}} = 1{,}993 \cdot 10^{-23}\,g$$

Der zwölfte Teil der Masse eines Kohlenstoffatoms entspricht $1{,}66 \cdot 10^{-24}$ g und wird auch als **atomare Masseneinheit** (Einheit: **1 unit**) bezeichnet.

Es gilt:

$1{,}66 \cdot 10^{-24}\,g = 1\,u$
$1\,g = 6{,}022 \cdot 10^{23}\,u$

Mithilfe der Vorstellung von Atomen als kleinsten Teilchen mit definierten Massen kann nun erklärt werden, weshalb die Elemente in Verbindungen nur **in ganz bestimmten Massenverhältnissen** auftreten. Aus der Analyse einer Verbindung lässt sich ableiten, in welchem Verhältnis die einzelnen Atomsorten in der Verbindung vorliegen.

Beispiel Kupfer (Cu) und Schwefel (S) reagieren zu Kupfersulfid.

Kupfer + Schwefel ⟶ Kupfersulfid

Dabei verbinden sich Kupfer und Schwefel in folgendem Massenverhältnis zu Kupfersulfid:

$$\frac{m(Cu)}{m(S)} = \frac{127}{32}$$

Berechnung der Stoffmengen von Kupfer und Schwefel:

$$n(Cu) = \frac{m(Cu)}{M(Cu)} = \frac{127\,g}{63{,}5\,g \cdot mol^{-1}} = 2\,mol$$

$$n(S) = \frac{m(S)}{M(S)} = \frac{32\,g}{32\,g \cdot mol^{-1}} = 1\,mol$$

Es reagieren 2 mol Kupferatome mit 1 mol Schwefelatome zu 1 mol Kupfersulfid. Als Summenformel für Kupfersulfid ergibt sich demnach Cu_2S.

Da Wortgleichungen (vgl. S. 10) keine Aussage über die Zahlenverhältnisse der miteinander reagierenden Stoffteilchen zulassen, ist es stets sinnvoller, stattdessen die entsprechenden Formelgleichungen zu ver-

wenden. Hier werden für die Reaktionspartner Elementsymbole und für die chemischen Verbindungen die entsprechenden Formeln eingesetzt. Beim Aufstellen von Reaktionsgleichungen muss stets darauf geachtet werden, dass die Anzahl der Atome eines Elements auf beiden Seiten der Reaktionsgleichung identisch ist. Gegebenenfalls müssen entsprechende Faktoren (Koeffizienten) ergänzt werden.
Die **Stöchiometrie** einer Reaktion gibt Auskunft darüber, in welchem Mengenverhältnis die Ausgangsstoffe zu der neuen Verbindung reagieren. Sie kann aus der Reaktionsgleichung abgelesen werden.

Beispiel

Es reagieren **2** mol Kupferatome mit **1** mol Schwefelatome zu **1** mol Kupfersulfid.

Kupfer	+	Schwefel	⟶	Kupfersulfid	(Wortgleichung)
2 Cu	+	**1** S	⟶	**1** Cu_2S	(Formelgleichung)

Hinweis: Der Koeffizient 1 wird in Reaktionsgleichungen stets weggelassen.

Molares Volumen

Für Gase spielt noch eine andere molare Größe eine wichtige Rolle, das **molare Volumen V_M**.

Satz von Avogadro: Bei gleichem Druck und gleicher Temperatur enthalten gleiche Volumina gleich viele Teilchen.

Aus dem Satz von Avogadro lässt sich folgern, dass ein Mol eines Gases (entspricht $6{,}022 \cdot 10^{23}$ Teilchen) unter gleichen Bedingungen immer dasselbe Volumen einnimmt.

$$V_M = \frac{\text{Volumen}}{\text{Stoffmenge}} = \frac{V}{n}; \quad \left[\frac{\text{L}}{\text{mol}} = \text{L} \cdot \text{mol}^{-1}\right]$$

Unter Normalbedingungen (1013 hPa, 0 °C) ist das molare Volumen $V_M = 22{,}4 \text{ L} \cdot \text{mol}^{-1}$.

Stoffmengenkonzentration

Möchte man zwei Stoffe miteinander reagieren lassen, so löst man sie vorher meist in einem geeigneten Lösungsmittel. Entsprechend der Stöchiometrie der Reaktion müssen dabei bestimmte Stoffmengen vereinigt werden. Da die Reaktion in Lösung stattfindet, spielt die **Stoffmengenkonzentration *c*** der Lösung eine entscheidende Rolle.

$$c = \frac{\text{Stoffmenge (des zu lösenden Stoffes)}}{\text{Volumen (Lösung)}} = \frac{n}{V} \left[\frac{\text{mol}}{\text{L}} = \text{mol} \cdot \text{L}^{-1}\right]$$

Beispiel Es soll eine Natriumchloridlösung ($c = 1\ \text{mol} \cdot \text{L}^{-1}$) hergestellt werden.

$$c = \frac{n(\text{NaCl})}{V(\text{Lösung})} = 1\ \text{mol} \cdot \text{L}^{-1}$$

Berechnung der molaren Masse von NaCl:

$M(\text{NaCl}) = M(\text{Na}) + M(\text{Cl}) = 23\ \text{g} \cdot \text{mol}^{-1} + 35{,}5\ \text{g} \cdot \text{mol}^{-1}$

$M(\text{NaCl}) = 58{,}5\ \text{g} \cdot \text{mol}^{-1}$

58,5 g NaCl entsprechen also 1 mol. Löst man diese Menge NaCl in so viel Wasser, dass das Endvolumen der Lösung 1 L beträgt, erhält man eine NaCl-Lösung der Konzentration $1\ \text{mol} \cdot \text{L}^{-1}$.

3.5 Die molekulare Struktur von Gasen

Die Zersetzung von Wasser im Hofmann'schen Zersetzungsapparat liefert die Elemente Wasserstoff und Sauerstoff im Volumenverhältnis 2:1. Umgekehrt reagieren Wasserstoff und Sauerstoff im Volumenverhältnis 2:1 zu Wasser. Dabei entstehen, bei den entsprechenden Reaktionsbedingungen, 2 Volumenanteile des gasförmigen Wassers. Die vorliegenden Volumenverhältnisse und der Satz von Avogadro (vgl. S. 17) lassen vermuten, dass Wasserstoff und Sauerstoff als Moleküle vorliegen, die sich aus zwei Atomen zusammensetzen **(zweiatomige Moleküle)**.

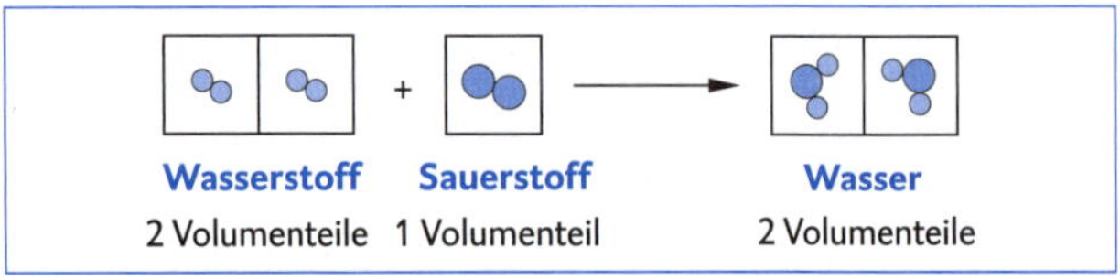

Abb. 11: Volumenverhältnisse bei der Reaktion von Wasserstoff mit Sauerstoff

Die Reaktionsgleichung für die Bildung von Wasser (Knallgasreaktion) lautet:

$$2\,H_2 + O_2 \longrightarrow 2\,H_2O$$

Auch bei anderen Gasreaktionen lassen die Volumenverhältnisse auf zweiatomige Ausgangsverbindungen schließen.

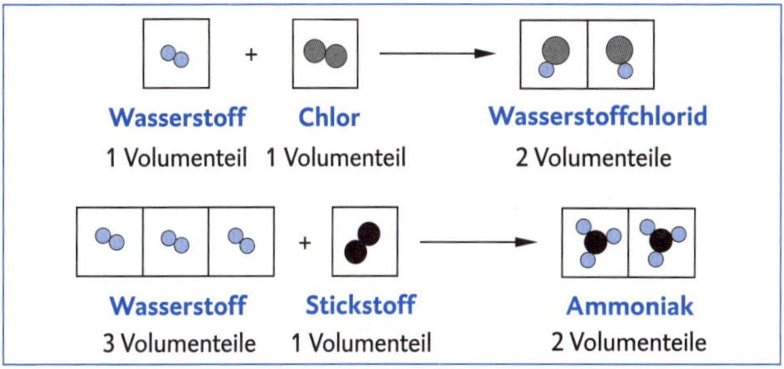

Abb. 12: Volumenverhältnisse bei der Reaktion von Wasserstoff mit Chlor sowie bei der Reaktion von Wasserstoff mit Stickstoff

Die dazugehörigen Reaktionsgleichungen lauten:

$$H_2 + Cl_2 \longrightarrow 2\,HCl$$

$$3\,H_2 + N_2 \longrightarrow 2\,NH_3$$

3.6 Kinetische Gastheorie und Gasgesetze

Gase besitzen gegenüber Flüssigkeiten und Feststoffen ganz besondere Eigenschaften (vgl. S. 3). Sie nehmen jeden zur Verfügung stehenden Raum ein, dehnen sich beim Erwärmen aus und werden durch Druck viel stärker beeinflusst als Flüssigkeiten oder Feststoffe. Bei Druckerhöhung verringert sich ihr Volumen, bei Druckerniedrigung vergrößert es sich. Erwärmt man Gase und hält dabei ihr Volumen konstant, so steigt der Druck. Mithilfe der Teilchenmodelle von Gasen, Flüssigkeiten und Feststoffen (vgl. S. 4) kann man dieses unterschiedliche Verhalten verstehen. Bei der Beschreibung der Zusammenhänge zwischen Temperatur, Druck und Volumen geht man von **idealen Gasen** aus.

> Zwischen den Teilchen **idealer Gase** kommt es nur zu elastischen Stößen. Andere Wechselwirkungen zwischen den Gasteilchen gibt es nicht.

Erhöht man den Druck auf ein eingeschlossenes ideales Gas (z. B. mittels eines Kolbenprobers), so verringert sich sein Volumen. Der Zusammenhang zwischen Druck und Volumen bei konstanter Temperatur wird durch das Boyle-Mariotte'sche Gesetz beschrieben.

Boyle-Mariotte'sches Gesetz: Das Produkt aus dem Druck und dem Volumen einer abgeschlossenen idealen Gasmenge ist bei konstanter Temperatur konstant.
$p \cdot V = \text{const.}$ bzw. $p_1 \cdot V_1 = p_2 \cdot V_2$

Erhöht man die Temperatur eines Gases und hält den Druck konstant, so vergrößert sich das Volumen.

Gesetz von Gay-Lyssac: Das Volumen idealer Gase ist bei gleichbleibendem Druck und gleichbleibender Stoffmenge direkt proportional zur Temperatur.

$$T = \text{const.} \cdot V \quad \text{bzw.} \quad \frac{T}{V} = \text{const.} \quad \text{bzw.} \quad \frac{T_1}{V_1} = \frac{T_2}{V_2}$$

T ist dabei die **absolute Temperatur**[2] in der Einheit Kelvin.

Bei der Erwärmung eines Gases steigt der Druck, bei einer Abkühlung wird er geringer.

Gesetz von Amontons: Der Druck idealer Gase ist bei gleichbleibendem Volumen und gleichbleibender Stoffmenge direkt proportional zur Temperatur.

$$T = \text{const.} \cdot p \quad \text{bzw.} \quad \frac{p}{T} = \text{const.} \quad \text{bzw.} \quad \frac{p_1}{T_1} = \frac{p_2}{T_2}$$

Kombiniert man die Gesetze von Gay-Lyssac und Amontons, so erhält man die **ideale Gasgleichung**.

Für ideale Gase gilt:

$$\frac{p_1 \cdot V_1}{T_1} = \frac{p_2 \cdot V_2}{T_2} \quad \text{bzw.} \quad \frac{p \cdot V}{T} = \text{const.} = R$$

R (ideale Gaskonstante) = $8{,}314\ \text{J} \cdot \text{mol}^{-1} \cdot \text{K}^{-1}$

Für n = 1 mol gilt: $p \cdot V = R \cdot T$
Für die allgemeine Stoffmenge n gilt: $p \cdot V = n \cdot R \cdot T$

2 Der absolute Nullpunkt der Celsius-Temperaturskala liegt bei –273,15 °C. Die absolute Temperaturskala ist um 273,15 Skalenteile verschoben: 0 K (Kelvin) entspricht –273,15 °C.

Periodensystem und chemische Verwandtschaft

1 Der Bau der Atome

1.1 Kern-Hülle-Modell

Rutherford'scher Streuversuch

Bis Anfang des 20. Jahrhunderts war unklar, wie Atome genau aufgebaut sind. Zwar waren durch Joseph. J. Thomson Elektronen als subatomare Teilchen bereits bekannt, aber wie diese in Atomen angeordnet sind, konnte erst durch mehrere Experimente geklärt werden. Eines davon war der Rutherford'sche Streuversuch. Dabei wurde eine hauchdünne, nur etwa 1 000 Atomlagen dicke Goldfolie mit α-Teilchen beschossen. α-Teilchen entstehen beim radioaktiven Zerfall und sind zweifach positiv geladene Helium-Teilchen.

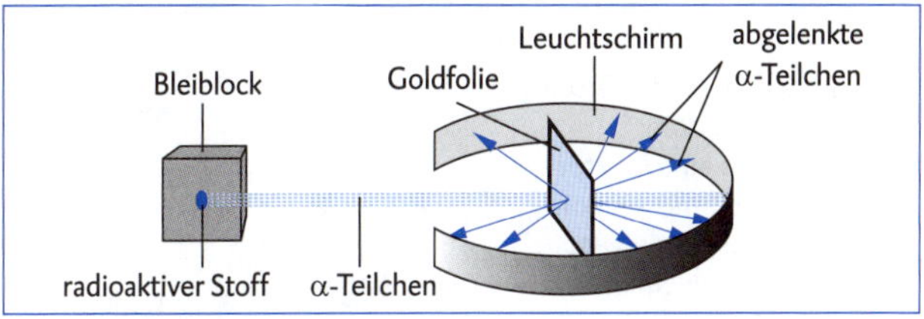

Abb. 13: Streuversuch von Rutherford

Der überwiegende Teil der α-Teilchen kann diese Goldfolie ungehindert passieren. Nur vereinzelt werden α-Teilchen abgelenkt oder gar reflektiert. Dies lässt den Schluss zu, dass das Atom nahezu „leer" sein muss.

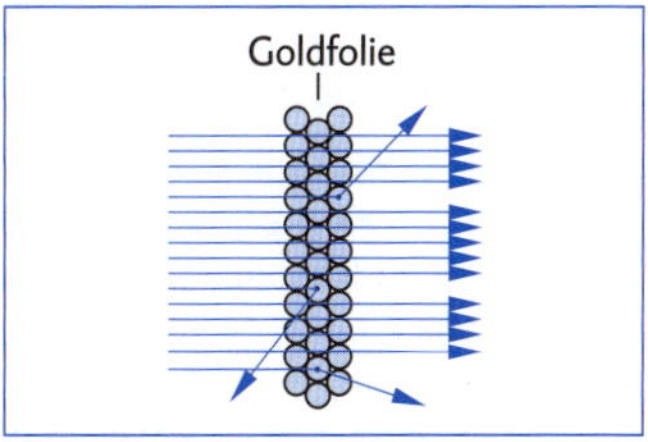

Abb. 14: Beschuss einer Goldfolie mit α-Teilchen

Aus diesen Beobachtungen entwickelte Rutherford ein neues Atommodell.

Kern-Hülle-Modell
- Atome bestehen aus einem **Atomkern** und einer **Atomhülle**.
- Der Atomkern ist **positiv** geladen.
- Der Atomkern beinhaltet fast die gesamte Masse des Atoms.
- Das Atom kann man sich als Kugel vorstellen. Seine Größe wird durch die Atomhülle gebildet, die nahezu das gesamte Volumen des Atoms einnimmt.
- Die Hülle des Atoms ist elektrisch **negativ** geladen. Dem Betrag nach entspricht diese Ladung der Kernladung, sodass das Atom nach außen elektrisch neutral ist.

Der Durchmesser des Atomkerns entspricht etwa dem 10 000. Teil des Durchmessers eines Atoms.

Durchmesser des Atomkerns: ca. 10^{-14} m
Durchmesser des Atoms: ca. 10^{-10} m

Veranschaulichung der Größenverhältnisse im Atom:
Denkt man sich eine Murmel mit einem Durchmesser von 1 cm als Modell für den Atomkern, so entspräche der Durchmesser des Atoms 100 m.

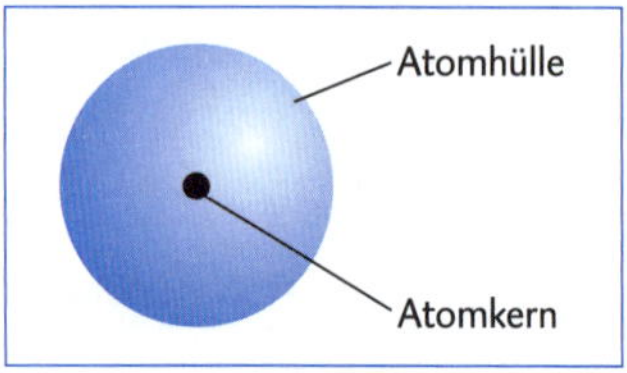

Abb. 15: Atomkern und Atomhülle

1.2 Die Bausteine der Atome

Am Aufbau der Atome sind drei **Elementarteilchen** beteiligt: positiv geladene **Protonen p^+**, neutrale **Neutronen n** und negativ geladene **Elektronen e^-**. Protonen und Neutronen befinden sich im Atomkern, die Elektronen in der Atomhülle. Die jeweiligen Ladungen von Proton und Elektron entsprechen der Elementarladung **(Elementarladung $e = 1{,}602176462 \cdot 10^{-19}$ C (Coulomb))**.

Die Elektronenmasse entspricht etwa dem 10 000. Teil der Masse eines Protons.

Masse eines Protons: $m_{p+} = 1{,}672\,621\,58(13) \cdot 10^{-27}$ kg
Masse eines Elektrons: $m_{e-} = 9{,}109\,381\,88(72) \cdot 10^{-31}$ kg

Neutronen sind eine Art „Kittsubstanz“, da sie die positiv geladenen Protonen im Kern zusammenhalten. Sie haben eine ähnlich große Masse wie die Protonen.

1.3 Isotopie

Ein Atom ist über seine **Ordnungszahl** definiert. Die Ordnungszahl gibt die Anzahl der Protonen und damit auch die Anzahl der Elektronen im Atom an.
Da die Protonenzahl charakteristisch für das jeweilige Element ist, können sich die Atome eines Elements nur in der Anzahl ihrer Neutronen, nicht aber in der Anzahl ihrer Protonen voneinander unterscheiden.

Als **Isotope** bezeichnet man Atome des gleichen Elements, die sich in der Anzahl der Neutronen unterscheiden.

Beispiel

Natürlich vorkommender Wasserstoff setzt sich aus zwei Isotopen, dem Wasserstoffatom und dem Deuteriumatom, zusammen. Das Wasserstoffatom hat im Atomkern ein Proton, das Deuteriumatom („schwerer Wasserstoff“) hat neben dem Proton auch ein Neutron im Atomkern. Ein drittes Isotop, das Tritium, wird als „überschwerer Wasserstoff“ bezeichnet, ist radioaktiv und enthält im Atomkern ein Proton und zwei Neutronen.

$^{1}_{1}H$	$^{2}_{1}H$	$^{3}_{1}H$
Wasserstoff	Deuterium	Tritium

Die Neutronenzahl eines Atoms errechnet sich aus der Differenz von Massenzahl und Protonenzahl (Ordnungszahl) eines Atoms.

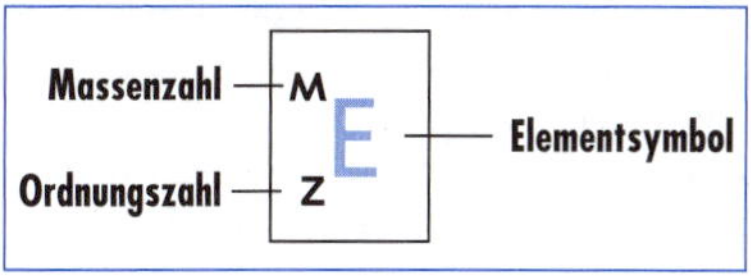

Abb. 16: Allgemeine Schreibweise der Elemente im Periodensystem

Uran, ein radioaktives Metall, setzt sich aus den beiden Isotopen ^{238}U und ^{235}U zusammen, Chlor aus den beiden Isotopen ^{35}Cl und ^{37}Cl. Solche **Isotopengemische** erklären die ungeraden Massenzahlen der Elemente.

Beispiel Natürlich vorkommendes Chlor setzt sich zu 75,77 % aus ^{35}Cl und zu 24,23 % aus ^{37}Cl zusammen.

$$M = \frac{75{,}77 \cdot 35\,g \cdot mol^{-1} + 24{,}23 \cdot 37\,g \cdot mol^{-1}}{100} = 35{,}48\,g \cdot mol^{-1}$$

Das für die Altersbestimmung wichtige Kohlenstoff-Isotop ^{14}C hat gegenüber dem deutlich häufiger vorkommenden ^{12}C zwei Neutronen mehr im Kern und ist radioaktiv.

1.4 Das Schalenmodell (Bohr'sches Atommodell)

Nach dem Gesetz der Elektrostatik **(Coulomb'sches Gesetz)** ziehen sich entgegengesetzt geladene Körper an und stoßen sich gleich geladene Körper ab. Dies widerspricht aber der Vorstellung des Kern-Hülle-Modells. Die Elektronen müssten nach den Gesetzen der klassischen Physik auf den positiv geladenen Kern stürzen. Vor allem aber gibt das Kern-Hülle-Modell keinen Aufschluss über das chemische Verhalten von Elementen.

Eine sinnvolle Erweiterung des Kern-Hülle-Modells stellt das **Schalenmodell** dar (Niels Bohr, Arnold Sommerfeld), welches davon ausgeht, dass sich die Elektronen strahlungsfrei auf vorgegebenen Bahnen um den Kern bewegen. Jede Bahn entspricht einem bestimmten Energieniveau und wird durch die sogenannte **Hauptquantenzahl n** gekennzeichnet. Je weiter die Bahn vom Kern entfernt ist, umso energiereicher ist das entsprechende Energieniveau. Für die Bahn, die dem Kern am nächsten ist, gilt $n = 1$.

Beim Einstrahlen von Licht auf die Atome werden nur ganz bestimmte Energiebeträge **(Energiequanten)** absorbiert. Durch die Aufnahme dieser Energiequanten werden die Elektronen auf energiereichere, äußere Schalen angehoben. Kehren die Elektronen dieser Atome nach kurzer Zeit in den Grundzustand zurück, geben sie die zuvor aufgenommene Energie in Form von Licht wieder ab. Betrachtet man das emittierte Licht mit einem Spektroskop, so erkennt man dünne Linien, die verschiedenen Farben entsprechen **(Linienspektrum)**. Jede Farbe entspricht einem bestimmten Energiebetrag. Es gibt insgesamt sieben

Schalen (Bezeichnung: K, L, M, N, O, P, Q), deren Größe mit wachsendem Abstand zum Kern zunimmt.

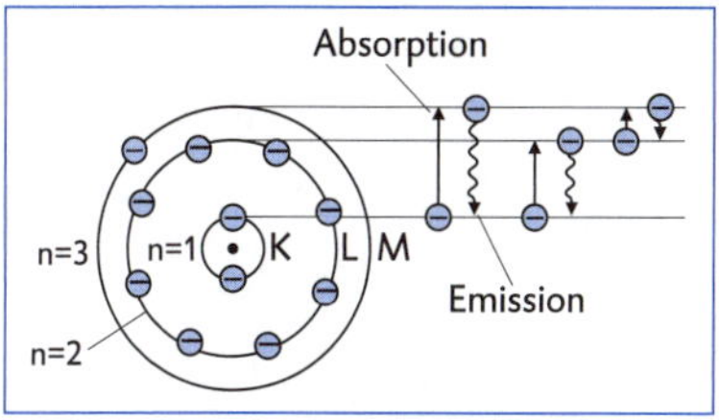

Abb. 17: Elektronenverteilung im Natriumatom; Absorption und Emission von Licht als Folge von Elektronenübergängen zwischen den Schalen

Mit der Größe steigt auch die maximale Anzahl der Elektronen, die sich auf der Schale befinden können.

Maximale Anzahl der Elektronen pro Schale = $2n^2$ (n = Hauptquantenzahl).

Die erste Schale (K-Schale) ist dem Kern am nächsten und kann mit maximal 2 Elektronen besetzt werden, die zweite Schale (L-Schale) kann mit maximal 8 Elektronen besetzt werden usw. Aus dieser Modellvorstellung ergibt sich, dass es nicht beliebig viele Elemente geben kann, da mit steigendem Abstand der Schalen zum Kern die Energie der Elektronen auf diesen äußeren Schalen immer größer wird. Oberhalb der 7. Schale sind die Elektronen nicht mehr am Kern gebunden und entweichen ins Kontinuum, d. h., sie können kontinuierlich Energien annehmen und sind somit – abhängig von äußeren Einflüssen – frei beweglich.

1.5 Weiterentwicklung des Bohr'schen Atommodells: Das Orbitalmodell

Da das Bohr'sche Atommodell für manche offenen Fragen als Erklärung nicht ausreichte, musste auch dieses Atommodell noch weiter verfeinert werden. Als verbessertes Atommodell wurde das **Orbitalmodell** vorgeschlagen, das heute weitestgehend anerkannt ist. Hier werden **Orbitale** (Unterschalen) mit einer bestimmten räumlichen Struktur als Aufenthaltsräume für die Elektronen definiert. Die Orbitale befinden sich auf verschiedenen Energiestufen (dies entspricht den Schalen im Bohr'schen Atommodell). Je höher die Energiestufe ist, umso mehr verschiedene Orbitale können aufgenommen werden. Auf der 1. Energiestufe (n = 1) befindet sich nur ein s-Orbital, auf der 2. Energiestufe (n = 2) ein s- und drei p-Orbitale, auf der 3. Energiestufe (n = 3) ein s-, drei p- sowie fünf d-Orbitale und auf der 4. Energie-stufe (n = 4) zusätzlich sieben f-Orbitale. Die s-Orbitale (z. B. 2s-Orbital) sind kugelförmig und umso größer, je größer die Hauptquantenzahl n ist. Von den hantelförmigen p-Orbitalen gibt es drei mögliche Orientierungen im Raum; es existieren daher die drei energetisch gleichwertigen p-Orbitale p_x, p_y, p_z. Auch diese Orbitale sind umso größer, je größer die Hauptquantenzahl n ist.

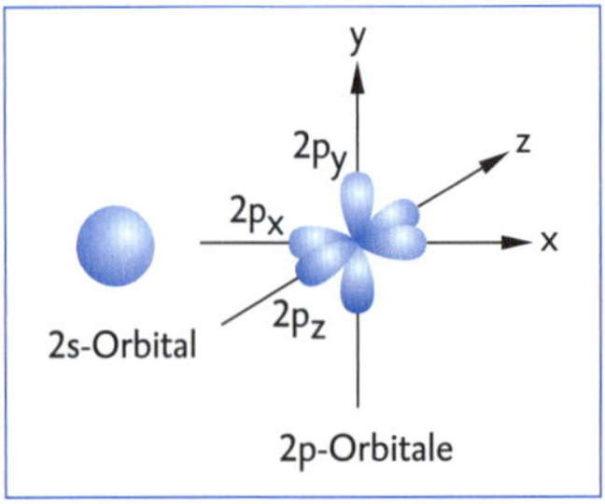

Abb. 18: Räumliche Struktur von s- und p-Orbitalen

Regeln zur Elektronenverteilung

- Eine Energiestufe (Schale) kann maximal $2n^2$ Elektronen aufnehmen.
- Energieärmere Orbitale werden zuerst besetzt.
- Jedes Orbital kann maximal 2 Elektronen (Elektronenpaar) aufnehmen.
- Gleichwertige Orbitale werden zuerst einfach und erst danach doppelt besetzt.

Die Verteilung der Elektronen auf die einzelnen Energiestufen eines Atoms wird als **Elektronenkonfiguration** bezeichnet.

Beispiel Das Stickstoffatom enthält 7 Elektronen, die auf die einzelnen Energiestufen bzw. Orbitale verteilt werden.

Elektronenkonfiguration des Stickstoffatoms

$1^2 \quad 2^5$

$1s^2 \quad 2s^2\, 2p_x{}^1\, 2p_y{}^1\, 2p_z{}^1$

Es wird zunächst das energiearme 1s-Orbital mit zwei Elektronen und anschließend das energiereichere 2s-Orbital, ebenfalls mit zwei Elektronen, aufgefüllt. Die verbleibenden drei Elektronen werden der Reihe nach in die energetisch gleichwertigen p-Orbitale (p_x, p_y, p_z) gesetzt.

2 Der Aufbau des Periodensystems der Elemente

Im 19. Jahrhundert bemühten sich die Chemiker Dmitri I. Mendelejew und Lothar Meyer unabhängig voneinander um ein systematisches Ordnungsprinzip der bis dahin bekannten Elemente. Sie ordneten die Elemente nach steigender Atommasse, wobei die Elemente, die sich in ihren chemischen Eigenschaften ähnelten, zu Gruppen zusammengefasst wurden.
Im heutigen **Periodensystem der Elemente (PSE)** werden die Elemente nicht mehr nach ihrer Atommasse geordnet, sondern nach steigender Ordnungszahl. Es ergibt sich eine Anordnung der Elemente nach ihrem Atombau sowie ihren chemischen und physikalischen Eigenschaften.

2.1 Die Hauptgruppen des Periodensystems

I	II	III	IV	V	VI	VII	VIII
H							He
Li	Be	B	C	N	O	F	Ne
Na	Mg	Al	Si	P	S	Cl	Ar
K	Ca	Ga	Ge	As	Se	Br	Kr
Rb	Sr	In	Sn	Sb	Te	I	Xe
Cs	Ba	Tl	Pb	Bi	Po	At	Rn
Fr	Ra						

I Wasserstoff und Alkalimetalle
II Erdalkalimetalle
III Erdmetalle
IV Kohlenstoffgruppe
V Stickstoffgruppe
VI Sauerstoffgruppe
VII Halogene
VIII Edelgase

Abb. 19: Hauptgruppenelemente im Periodensystem (gekürztes Periodensystem der Elemente)

Das Periodensystem der Elemente enthält acht **Hauptgruppen**, die von links nach rechts mit den römischen Ziffern I – VIII durchnummeriert werden. Die Nummer der Hauptgruppe entspricht der Anzahl der **Valenzelektronen** aller Elemente in dieser Gruppe.

> Die Elektronen der höchstbesetzten Schale werden **Valenzelektronen** genannt. Sie sind für das chemische Reaktionsverhalten des Atoms verantwortlich.

Beispiel Aluminium steht in der 3. Hauptgruppe und besitzt daher drei Valenzelektronen. Die insgesamt 13 Elektronen des Aluminiums werden auf drei Energiestufen verteilt.
Elektronenkonfiguration von Aluminium:

Anzahl der Elektronen

↓ ↓ ↓

Al: $1^2\ 2^8\ 3^3$

↑ ↑ ↑

Energiestufen

Die drei Elektronen, die sich in der 3. Schale (n = 3) befinden, entsprechen den Valenzelektronen.

Bor steht im Periodensystem direkt über Aluminium und muss daher ebenfalls drei Valenzelektronen besitzen, die sich allerdings auf einem niedrigeren Energieniveau (n = 2) befinden.

Anzahl der Elektronen

↓ ↓

B: $1^2\ 2^3$

↑ ↑

Energiestufen

An chemischen Reaktionen der Hauptgruppenelemente sind nur die Elektronen in den äußeren Schalen beteiligt. Dies erklärt, weshalb die Elemente einer Gruppe ein ähnliches chemisches Verhalten zeigen.

Die Edelgaselektronenkonfiguration

Die Elemente der 8. Hauptgruppe sind sehr reaktionsträge. Den Grund dafür liefert ihre Elektronenkonfiguration. Mit Ausnahme von Helium (hier befinden sich zwei Elektronen auf der äußeren Schale) besitzen alle Edelgase acht Valenzelektronen, was einen besonders stabilen, energiearmen Zustand darstellt.

Oktettregel
Alle Elemente streben bei der Verbindungsbildung mit anderen Elementen eine **Edelgaskonfiguration der Elektronenschalen** mit acht Elektronen an.

2.2 Die Nebengruppen des Periodensystems

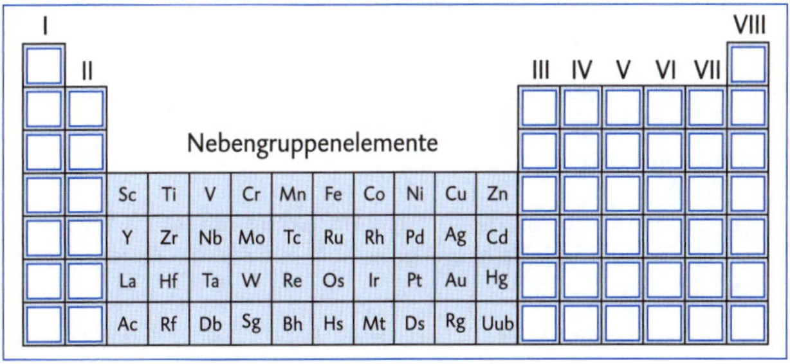

Abb. 20: Nebengruppenelemente im Periodensystem

Von dem gekürzten Periodensystem der Elemente spricht man, wenn nur die Hauptgruppenelemente dargestellt werden. Zu einem vollständigen Periodensystem gehören auch 10 **Nebengruppen**. Bei den Nebengruppenelementen werden die inneren Unterschalen (d-Orbitale, vgl. S. 25 f.) der Reihe nach mit Elektronen besetzt.
Im gekürzten Periodensystem folgt dem Calcium mit der Ordnungszahl 20 das Gallium mit der Ordnungszahl 31. Zwischen diesen beiden Elementen befinden sich die Elemente Scandium (Ordnungszahl 21) bis Zink (Ordnungszahl 30), bei denen jeweils ein zusätzliches Elektron in die 3. Schale gesetzt wird.

Beispiel Elektronenkonfiguration der Elemente Calcium bis Gallium:

Ca:	$1^2\ 2^8\ \mathbf{3^8}\ 4^2$	Fe:	$1^2\ 2^8\ \mathbf{3^{14}}\ 4^2$
Sc:	$1^2\ 2^8\ \mathbf{3^9}\ 4^2$	Co:	$1^2\ 2^8\ \mathbf{3^{15}}\ 4^2$
Ti:	$1^2\ 2^8\ \mathbf{3^{10}}\ 4^2$	Ni:	$1^2\ 2^8\ \mathbf{3^{16}}\ 4^2$
V:	$1^2\ 2^8\ \mathbf{3^{11}}\ 4^2$	Cu:	$1^2\ 2^8\ \mathbf{3^{18}}\ 4^1$
Cr:	$1^2\ 2^8\ \mathbf{3^{13}}\ 4^1$	Zn:	$1^2\ 2^8\ \mathbf{3^{18}}\ 4^2$
Mn:	$1^2\ 2^8\ \mathbf{3^{13}}\ 4^2$	Ga:	$1^2\ 2^8\ \mathbf{3^{18}}\ 4^3$

2.3 Tendenzen im Periodensystem

Periodizität

Im Periodensystem sind die Elemente nach steigender Ordnungszahl angeordnet. Die senkrechten Reihen, die sich dabei ergeben, sind die Haupt- bzw. Nebengruppen. Die Elemente sind aber nicht nur nach Gruppen, sondern auch nach **Perioden** (waagrechte Reihen) geordnet.

Innerhalb einer **Periode** werden die Elemente zusammengefasst, deren **Valenzelektronen** sich auf derselben **Schale** befinden (Ausnahme: Nebengruppenelemente).

Es gibt sieben Perioden, die mit den arabischen Ziffern 1–7 gekennzeichnet sind. Die Periodennummer entspricht dabei der Anzahl der besetzten Schalen.

Beispiel Bei allen Elementen der 2. Periode (Li, Be, B, C, N, O, F und Ne) besetzen die Elektronen die ersten beiden Schalen der jeweiligen Atome. Vom Lithium, das nur ein Elektron auf der 2. Schale besitzt, bis zum Neon wird die 2. Schale bei jedem weiteren Element mit einem zusätzlichen Elektron besetzt. Beim Neon schließlich ist diese 2. Schale mit acht Elektronen voll aufgefüllt.

Mit der Änderung des Atombaus innerhalb einer Periode ändern sich auch die chemischen und physikalischen Eigenschaften, bis man nach acht Elementen (im gekürzten PSE) wieder auf ein Element mit ähnlichen Eigenschaften stößt.
Das ursprüngliche Gesetz von der Periodizität der Eigenschaften nach Mendelejew besagte, dass die Eigenschaften der Elemente sich periodisch mit den Atommassen ändern. Das eigentliche Kriterium für die Periodizität der Eigenschaften ist jedoch die **Zahl der Valenzelektronen**, welche periodisch wiederkehrt.

Das **Gesetz der Periodizität** besagt, dass die Eigenschaften der Elemente periodisch von der Anzahl der Valenzelektronen der Elemente abhängen.

Atomradien

Innerhalb einer Gruppe nehmen die Atomradien von oben nach unten sprunghaft zu, da sich die Zahl der besetzten Schalen jeweils um eins erhöht.

Innerhalb einer Periode nehmen die Atomradien dagegen kontinuierlich ab. Zwar befinden sich die Elektronen bei den Elementen einer Periode auf der gleichen Schale, jedoch nimmt die Kernladungszahl stetig zu. Das wiederum verstärkt die Anziehungskraft des positiven Kerns auf die Elektronenhülle und das Atom „schrumpft“. In der 2. Periode verringert sich der Atomradius von Lithium bis Neon beinahe um die Hälfte.

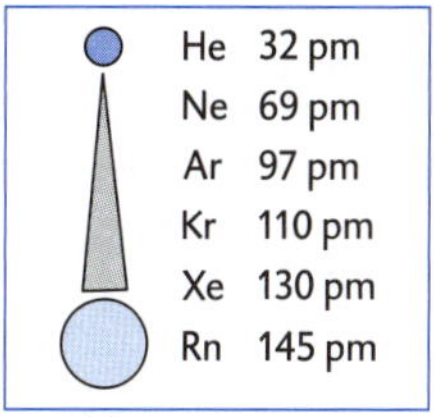

Abb. 21: Zunahme der Atomradien bei den Edelgasen

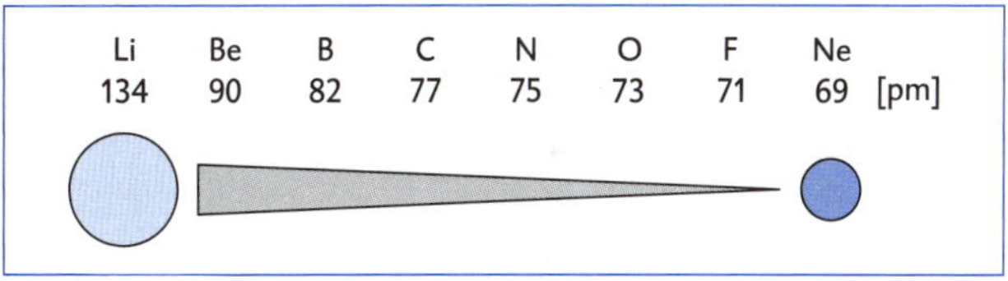

Abb. 22: Abnahme der Atomradien innerhalb der 2. Periode

Ionisierungsenergie

Bei der Ionisierung werden Elektronen aus der äußeren Schale entfernt. Wird **ein** Elektron entfernt, entsteht ein **einfach positiv geladenes** Ion.

$$Na \longrightarrow Na^{+} + e^{-}$$ **Beispiel**

Die **Ionisierungsenergie** eines Atoms ist die Mindestenergie, die notwendig ist, um aus diesem Atom ein **Valenzelektron** vollständig **abzuspalten**.

Die Ionisierungsenergie wird in der Einheit Elektronenvolt (eV [3]) gemessen. Mehrere Elektronen abzuspalten erfordert entsprechend mehr Energie.

Aus den Alkalimetallen lässt sich das erste Elektron mit geringem Energieaufwand abspalten, da dabei ein energetisch günstiger Edelgaszustand erreicht wird. Innerhalb einer Gruppe nimmt aufgrund der geringer werdenden elektrostatischen Anziehung zwischen Kern und Valenzelektron die Ionisierungsenergie ab.

Li	5,4 eV
Na	5,1 eV
K	4,3 eV
Rb	4,2 eV
Cs	3,9 eV

Abb. 23: Abnahme der Ionisierungsenergien bei den Alkalimetallen

Innerhalb einer Periode nehmen die Ionisierungsenergien von links nach rechts tendenziell zu, da die Abspaltung des Elektrons durch die zunehmende Kernladung erschwert wird. Eine Ausnahme findet man in der 2. Periode beim Übergang von Beryllium zu Bor und von Stickstoff zu Sauerstoff, was mit der höheren Stabilität voll und halb besetzter Unterschalen zusammenhängt.

Li	Be	B	C	N	O	F	Ne	
5,4	9,3	8,3	11,3	14,3	13,6	17,4	21,6	[eV]

Abb. 24: Zunahme der Ionisierungsenergien innerhalb der 2. Periode

Elektronenaffinität

Die Metalle bilden durch Elektronenabgabe positive Ionen und erreichen so eine Edelgaskonfiguration. Nichtmetalle, wie z. B. Chlor, können eine stabile Edelgaskonfiguration einfacher durch Elektronenaufnahme erreichen.

Beispiel $Cl + e^- \longrightarrow Cl^-$

Die **Elektronenaffinität** ist die Energie, die bei der **Aufnahme** eines **Elektrons** frei wird bzw. aufgewendet werden muss. Sie ist ein Maß für die Fähigkeit eines Atoms, ein aufgenommenes Elektron zu binden.

3 $1\ eV = 1{,}602 \cdot 10^{-19}\ J$

Die Elektronenaffinität wird in der Einheit Elektronenvolt (eV) angegeben. Innerhalb einer Gruppe nimmt die Elektronenaffinität von oben nach unten ab. Durch die Zunahme des Atomradius verringert sich die Anziehungskraft des Kerns auf die äußeren Elektronen. Innerhalb einer Periode nimmt sie von links nach rechts tendenziell zu, da mit steigender Kernladungszahl auch die Anziehungskraft auf die Elektronen zunimmt.

Ionenradien

Bei positiv geladenen Ionen ist der Ionenradius kleiner als der Radius der entsprechenden neutralen Atome. Je größer die positive Ladung der Ionen, desto kleiner wird der Ionenradius. Bei negativ geladenen Ionen ist der Ionenradius größer als der Atomradius, da die Kernladung gleich bleibt, aber die abstoßenden Kräfte der Elektronen auf der Schale größer werden. Je größer also die negative Ladung der Ionen, desto größer wird in der Regel der Ionenradius. Innerhalb einer Gruppe nimmt der Ionenradius vergleichbarer Ionen von oben nach unten zu, da immer neue Schalen hinzukommen. Innerhalb einer Periode sinkt der Ionenradius vergleichbarer Ionen von links nach rechts, da mit steigender Kernladungszahl auch die Anziehungskraft des Kerns auf die Elektronen zunimmt.

2.4 Metalle, Halbmetalle, Nichtmetalle

Zieht man im vollständigen PSE eine diagonale Linie vom Bor zum Astat, so befinden sich auf der linken Seite der Linie **Metalle**, auf der rechten Seite die **Nichtmetalle**. Die Elemente in unmittelbarer Umgebung der Linie bezeichnet man als **Halbmetalle**.

Metalle

Metallatome haben im Gegensatz zu Nichtmetallatomen nur eine geringe Anzahl Valenzelektronen auf den äußeren Schalen. Bei chemischen Reaktionen geben sie diese Valenzelektronen an den Reaktionspartner ab, um so eine Edelgaselektronenkonfiguration zu erreichen. Es bilden sich dabei positiv geladene Ionen **(Kationen)** aus.

> Der **Metallcharakter** nimmt im PSE innerhalb einer Gruppe von oben nach unten zu und innerhalb einer Periode von links nach rechts ab.

Zu den typischen Eigenschaften, die sich aufgrund der Metallbindung zwischen den Metallatomen (vgl. S. 43) ergeben, gehört die gute elektrische Leitfähigkeit, die gute Wärmeleitfähigkeit, der charakteristische metallische Glanz und die Formbarkeit der Metalle.

Halbmetalle

Bor, Silicium, Germanium, Arsen, Antimon und Tellur sind Halbmetalle. Sie können anhand ihrer Eigenschaften weder den Metallen noch den Nichtmetallen eindeutig zugeordnet werden. Halbmetalle finden Anwendung in der Halbleitertechnik.

Nichtmetalle

Nichtmetallatome haben mehr Elektronen auf den äußeren Schalen als die Metallatome. Reagiert ein Nichtmetall mit einem Metall, nimmt es die Elektronen auf, die von dem Metall abgegeben werden. Das Nichtmetallatom erreicht auf diese Weise ebenfalls eine stabile Edelgaskonfiguration. Es bilden sich dabei negativ geladene Nichtmetallionen **(Anionen)** aus. Die **Halogene** (Halogen = Salzbildner) sind reaktionsfreudige Nichtmetalle, die Edelgase dagegen sind mit ihrer vollbesetzten Außenschale sehr reaktionsträge.

Elementfamilien

Die Elemente einer Gruppe werden auch als **Elementfamilien** bezeichnet. Die gleiche Anzahl von Valenzelektronen ist verantwortlich für die zum Teil sehr **ähnlichen** Eigenschaften im chemischen Verhalten.

Elementfamilie	Gemeinsame Eigenschaften
Alkalimetalle	weiche Metalle mit geringer Dichte; oxidieren schnell an der Luft; reagieren heftig mit Wasser unter Bildung von Wasserstoff und Laugen
Halogene	sehr reaktiv, reagieren sehr heftig mit den Alkalimetallen unter Bildung von Salzen

3 Die chemische Bindung

Die Edelgase mit ihrer stabilen Elektronenkonfiguration (vgl. S. 29) liegen atomar vor und reagieren nur selten mit anderen Elementen. Auch die übrigen Elemente im PSE haben das Bestreben, einen solchen energiearmen Zustand zu erreichen.

3.1 Ionenbindung

Ionen sind geladene Teilchen, die aus Atomen durch Elektronenaufnahme oder Elektronenabgabe entstehen.

- **Kationen** sind positiv geladene Teilchen, die aus einem Atom durch Elektronenabgabe entstehen.
- **Anionen** sind negativ geladene Teilchen, die aus einem Atom durch Elektronenaufnahme entstehen.

Die Anzahl der Elektronen, die bei der Ionenbildung aufgenommen bzw. abgegeben werden, kann aus der Oktettregel (vgl. S. 29) abgeleitet werden. Die Alkalimetalle stehen in der 1. Hauptgruppe des Periodensystems und besitzen daher ein Elektron auf der äußeren Schale. Geben sie im Verlauf einer chemischen Reaktion dieses Elektron ab, so hat das entstehende Alkalimetallkation die stabile Elektronenkonfiguration des vorhergehenden Edelgases. Erdalkalimetalle geben ihre beiden Valenzelektronen unter Bildung zweifach positiv geladener Kationen ab. Die Protonenzahl im Kern bleibt bei der Ionenbildung unverändert.

Beispiel

Atom	Elektronenkonfiguration	Kation	Edelgaskonfiguration
Li	$1^2\,2^1$	**Li^+**	1^2 (He)
Na	$1^2\,2^8\,3^1$	**Na^+**	$1^2\,2^8$ (Ne)
Mg	$1^2\,2^8\,3^2$	**Mg^{2+}**	$1^2\,2^8$ (Ne)

Anders als bei den Metallen erfolgt bei Nichtmetallen (vgl. S. 34) die Ionenbildung durch Aufnahme zusätzlicher Elektronen. Es bilden sich negativ geladene Anionen aus. Nehmen Halogenatome bei einer chemischen Reaktion ein Elektron auf, so erreichen sie die Elektronenkonfiguration des nachfolgenden Edelgases. Die Elemente der 6. Hauptgruppe, wie Sauerstoff oder Schwefel, erreichen den stabilen Edelgaszustand durch Aufnahme von zwei Elektronen.

Beispiel

Atom	Elektronenkonfiguration	Anion	Edelgaskonfiguration
F	$1^2\ 2^7$	F^-	$1^2\ 2^8$ (Ne)
Cl	$1^2\ 2^8\ 3^7$	Cl^-	$1^2\ 2^8\ 3^8$ (Ar)
O	$1^2\ 2^6$	O^{2-}	$1^2\ 2^8$ (Ne)

Bei Verbindungen, die sich aus Kationen und Anionen zusammensetzen (z. B. NaCl, LiF), erfolgt die Bindung über **starke elektrostatische Anziehungskräfte** zwischen den entgegengesetzt geladenen Ionen.

Die **Ionenbindung** wird durch elektrostatische Anziehungskräfte zwischen entgegengesetzt geladenen Ionen hervorgerufen.

Die Kationen und Anionen besetzen in den Verbindungen feste Gitterplätze, wobei zwei gleich geladene Ionen nie unmittelbar benachbart sind. Es entsteht ein geordnetes **Ionengitter**. In dem Gitter ist jedes Kation von einer bestimmten Zahl von Anionen und jedes Anion von einer bestimmten Zahl von Kationen umgeben. Die Anzahl der unmittelbaren Nachbarn um ein Ion bezeichnet man als **Koordinationszahl**. Das Größenverhältnis von Kation zu Anion bestimmt die Geometrie der Anordnung.

Beispiel

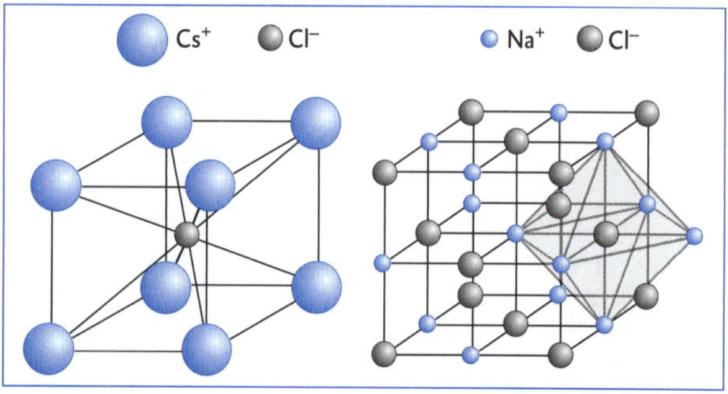

Abb. 25: Die Anordnung der Ionen im CsCl-Gitter (links) und im NaCl-Gitter (rechts)

Im Cäsiumchlorid ist jedes Chloridanion von acht Cäsiumkationen umgeben und jedes Cäsiumkation von acht Chloridanionen. Das Chloridanion sitzt in der Mitte eines Würfels, an dessen Ecken sich acht Cäsiumkationen befinden. Im NaCl-Gitter ist jedes Natriumkation von sechs Chloridanionen in Form eines Oktaeders umgeben und jedes Chloridanion von sechs Natriumkationen.

Salze

Verbindungen, die aus Ionen aufgebaut sind, werden **Salze** genannt. Salze sind **kristalline** Stoffe mit hohen Schmelz- und Siedetemperaturen (Schmelztemperatur (NaCl) = 801 °C). Beim Schmelzvorgang muss die **geordnete Gitterstruktur** der Ionen aufgelöst werden. Die Ionen verlassen dabei ihre festen Gitterplätze und gehen in einen ungeordneten Zustand über. Die Energie, die zur Überwindung der elektrostatischen Anziehungskräfte aufgewendet werden muss, wird als **Gitterenergie** bezeichnet. Sie ist bei den Alkali- und Erdalkalihalogeniden sehr hoch.
Im geschmolzenen Zustand werden die Salze **elektrisch leitfähig**, da die Ladungsträger nun beweglich sind.

Beispiel

Die Darstellung von Aluminium erfolgt durch **Schmelzflusselektrolyse** (vgl. S. 70). Aus geschmolzenem Aluminiumoxid (Al_2O_3) wird elementares Aluminium elektrolytisch abgeschieden. Dabei wandern die Al^{3+}-Ionen zum Minuspol **(Kathode)** der Spannungsquelle und nehmen Elektronen auf und die O^{2-}-Ionen wandern zum Pluspol **(Anode)** und geben Elektronen ab.

Auch wässrige Lösungen von Salzen sind Elektrolyte und leiten den elektrischen Strom.

Beispiel

Bei der **Chlor-Alkali-Elektrolyse** (vgl. S. 69) wird eine wässrige Natriumchloridlösung in Natronlauge und Wasserstoff sowie elementares Chlor zerlegt.

$$2\,Na^+ + 2\,Cl^- + 2\,H_2O \longrightarrow 2\,Na^+ + 2\,OH^- + H_2 + Cl_2$$

Salze lösen sich nur in **polaren Lösungsmitteln**, wie z. B. Wasser (vgl. S. 41 f.). Der Lösevorgang wird allgemein als **Solvatation** bezeichnet, beim Lösen in Wasser spricht man von der **Hydratation**. Bei der Hydratation werden die Ionen von den Wassermolekülen umhüllt; es bildet sich eine Hydrathülle um die Ionen aus.

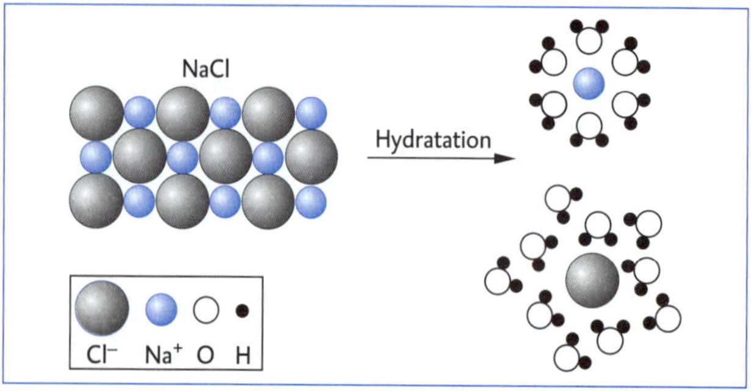

Abb. 26: Hydratation von NaCl

Eine weitere Eigenschaft der Salze ist ihre **Sprödigkeit**. Im Gegensatz zu den meist verformbaren Metallen brechen Salzkristalle bei der Einwirkung mechanischer Kräfte auseinander. Durch diese Kräfte verschieben sich die Gitterebenen gegeneinander und gleich geladene Ionen kommen nebeneinander zu liegen. Die dabei auftretenden elektrostatischen Abstoßungskräfte bewirken das Auseinanderbrechen des Kristalls.

3.2 Elektronenpaarbindung (Atombindung, kovalente Bindung)

Auch in den Verbindungen zwischen Nichtmetallen wird von den beteiligten Atomen eine stabile Elektronenkonfiguration angestrebt. Sie kann hier allerdings nicht durch die vollständige Übernahme von Elektronen in die eigene Atomhülle erreicht werden, da die Abgabe der Elektronen bei Nichtmetallen deutlich erschwert ist. Stattdessen teilen sich die Bindungspartner gemeinsame Elektronen. Es bilden sich **bindende Elektronenpaare** aus.

Die chemische Bindung, die dadurch zustande kommt, dass sich die Bindungspartner ein bindendes Elektronenpaar teilen, heißt **Elektronenpaarbindung**.

Die Atome treten über Elektronenpaarbindungen zu neuen Teilchen, den **Molekülen**, zusammen.

Beispiel

Zwei Chloratome verbinden sich über eine Elektronenpaarbindung, die sich zwischen den beiden ungepaarten Elektronen ausbildet, zu einem Chlormolekül (Cl_2). Jedes Chloratom hat sieben Valenzelektronen und erreicht durch das Elektron, welches das jeweils andere Chloratom für die Bindung zur Verfügung stellt, das Elektronenoktett.

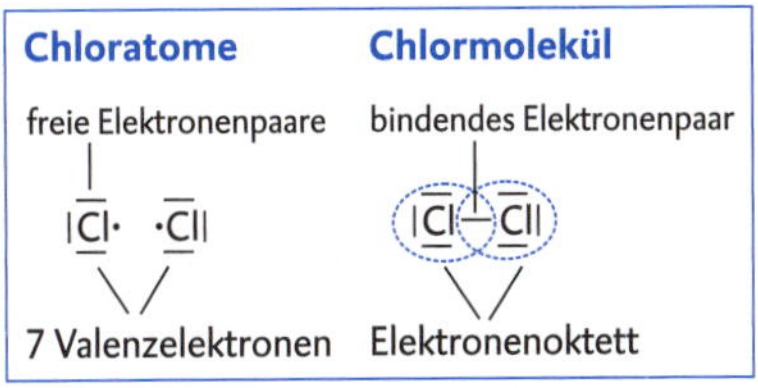

Abb. 27: Elektronenpaarbindung im Chlormolekül

In manchen Molekülen teilen sich die Atome auch zwei (O_2) oder drei (N_2) Elektronenpaare.

Beispiel

Sauerstoffmolekül:

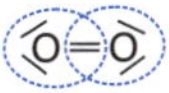

Stickstoffmolekül:

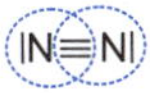

Valenzstrichformel (Lewis-Formel)

Werden Atome durch Elektronenpaarbindungen miteinander verbunden, so entstehen Moleküle, deren Eigenschaften sich deutlich von denen der Atome unterscheiden. Die Struktur eines Moleküls kann mit der **Valenzstrichformel**, einer Projektion in die Zeichenebene, beschrieben werden. Die Bindigkeit oder **Wertigkeit** eines Atoms hängt dabei von der Anzahl seiner ungepaarten Valenzelektronen ab.

Beispiel

Ein Wasserstoffatom kann nur eine Bindung zu einem Reaktionspartner ausbilden, da es nur über ein Valenzelektron verfügt.

$$H\cdot + \cdot H \longrightarrow H—H$$

Ein Chloratom hat 7 Valenzelektronen, aber nur ein ungepaartes Valenzelektron, sodass auch Chlor nur eine Bindung ausbilden kann.

$$|\overline{\underline{Cl}}\cdot + \cdot\overline{\underline{Cl}}| \longrightarrow |\overline{\underline{Cl}}—\overline{\underline{Cl}}|$$

Bei der Ermittlung der Valenzstrichformel eines Moleküls muss zudem darauf geachtet werden, dass die beteiligten Atome ein Oktett bzw. im Falle eines Wasserstoffatoms ein Dublett ausbilden.

Beispiel

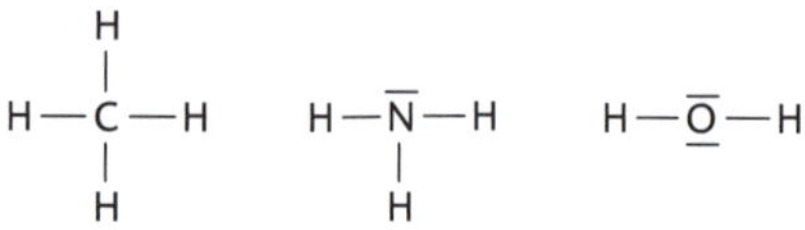

Methan **Ammoniak** **Wasser**

Elektronenpaarabstoßungsmodell

Moleküle sind räumliche Gebilde. Das Elektronenpaarabstoßungsmodell gibt Auskunft über den räumlichen Bau der Moleküle. Nach diesem Modell ordnen sich alle **bindenden** und **nicht bindenden** Elektronenpaare so um ein Atom an, dass sie **maximalen Abstand** zueinander haben. Der Grund dafür ist die elektrostatische Abstoßung der Elektronenpaare. Die Darstellung in der Zeichenebene ist also nur eine vereinfachte Darstellung, die nicht der tatsächlichen räumlichen Struktur entspricht.

Beispiel

Im Wassermolekül müssen insgesamt 4 Elektronenpaare (2 bindende und 2 nicht bindende) so weit wie möglich voneinander entfernt angeordnet werden. Dies wird dadurch erreicht, dass alle Elektronenpaare in Richtung der Ecken eines **Tetraeders** zeigen. Für das Wassermolekül ergibt sich also eine gewinkelte **Molekülstruktur**.

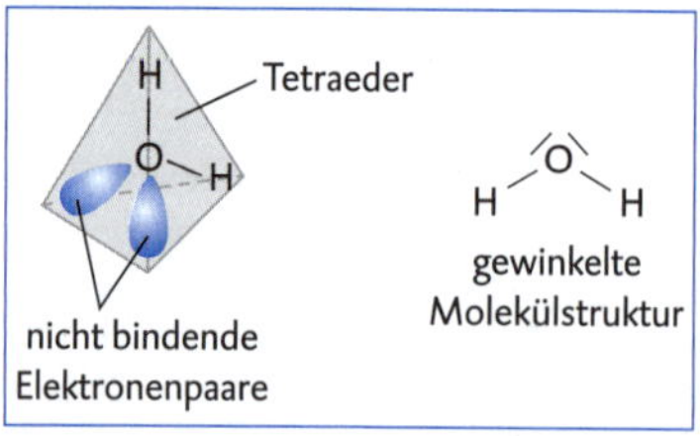

Alle Moleküle mit Elementen der 2. Periode orientieren sich bei ihrer räumlichen Anordnung an diesem Tetraedermodell.

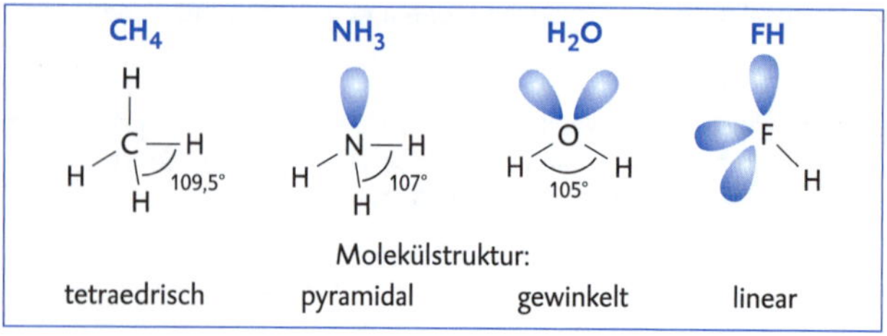

Die Bindungswinkel (Tetraederwinkel) nehmen vom Methan- (idealer Tetraederwinkel) bis zum Wassermolekül ab, da nicht bindende Elektronenpaare stets mehr Raum beanspruchen als bindende Elektronenpaare. Die Bindungen im Molekül werden dadurch stärker zusammengedrückt.

Elektronegativität

Der Zusammenhang zwischen der Struktur und den Eigenschaften von Stoffen kann anhand von einigen einfachen Modellen und Hilfsgrößen beschrieben werden. Eine wichtige, von Linus Pauling entwickelte Größe zur Beschreibung von Bindungszuständen ist die **Elektronegativität**.

> Die **Elektronegativität** ist ein Maß für die Fähigkeit eines Atoms, Elektronen in einer Elektronenpaarbindung anzuziehen.

Die Elektronegativität hängt von der Kernladungszahl und dem Atomradius eines Atoms ab. Innerhalb einer Gruppe nimmt die Elektronegativität von oben nach unten ab, innerhalb einer Periode steigt sie von links nach rechts. Atome, die Elektronen eher abgeben, werden als **elektropositiv** bezeichnet, Atome, die Elektronen eher aufnehmen, als **elektronegativ**.

Mithilfe der Elektronegativitätsunterschiede zwischen zwei Bindungspartnern lassen sich Aussagen über die Bindung treffen (vgl. Tab. 2, S. 44). Bildet sich die Elektronenpaarbindung zwischen zwei gleichen Atomen oder zwischen zwei Atomen mit einer sehr ähnlichen Elektronegativität aus, so wird das bindende Elektronenpaar von beiden Atomen zu gleichen Teilen beansprucht. Es handelt sich um eine **unpolare Elektronenpaarbindung**. Unterscheiden sich aber die Atome deutlich in ihrer Elektronegativität, so wird das bindende Elektronenpaar von dem elektronegativeren Partner stärker beansprucht und näher zu diesem herangezogen. Der Ladungsschwerpunkt verschiebt sich und es findet eine Polarisierung der Bindung statt. Man spricht von einer **polaren Elektronenpaarbindung**. In der Valenzstrichformel kann dies durch die Verwendung von Keilen verdeutlicht werden. Das dicke Ende des Keils zeigt in Richtung des elektronegativeren Atoms. Das Atom, welches die Bindungselektronen stärker zu sich zieht, erhält eine negative Teilladung δ^- (negativ polarisiertes Atom), das andere Atom eine positive Teilladung δ^+ (positiv polarisiertes Atom).

Beispiel

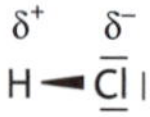

Im HCl-Molekül liegt eine polare Atombindung vor. Das Chloratom hat eine größere Elektronegativität als das Wasserstoffatom und zieht daher die Bindungselektronen stärker zu sich.

Durch die ungleichmäßige Ladungsverteilung im HCl-Molekül ist dieses Molekül ein **Dipol**. Auch das Wassermolekül ist ein polares Molekül mit Dipol-Eigenschaften. Im CH_4-Molekül existiert hingegen kein Dipolmoment. Die positiven und negativen Ladungsschwerpunkte fallen zusammen, da das negativ polarisierte C-Atom symmetrisch von positiv polarisierten H-Atomen umgeben ist. Die C–H-Bindung ist zwar eine (schwach) polare Elektronenpaarbindung, dennoch ist das CH_4-Molekül kein permanenter Dipol.

H_2O **CH_4**

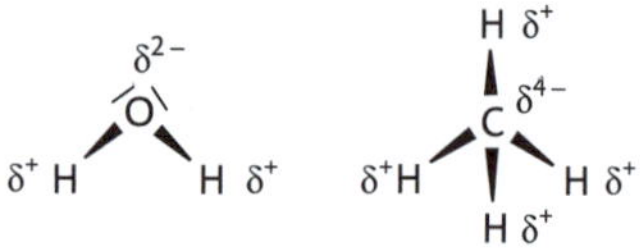

Dipol **kein Dipol**

Molekülverbindungen

Bei den Wasserstoffverbindungen der 6. Hauptgruppe (H_2O, H_2S, H_2Se, H_2Te) zeigt Wasser eine anormal hohe Siedetemperatur. Diese **Siedeanomalie des Wassers** ist auf die starken intermolekularen Wechselwirkungen zwischen den Wassermolekülen zurückzuführen. Zwischen den positiv polarisierten Wasserstoffatomen und den negativ polarisierten Sauerstoffatomen bilden sich **Wasserstoffbrücken** aus.

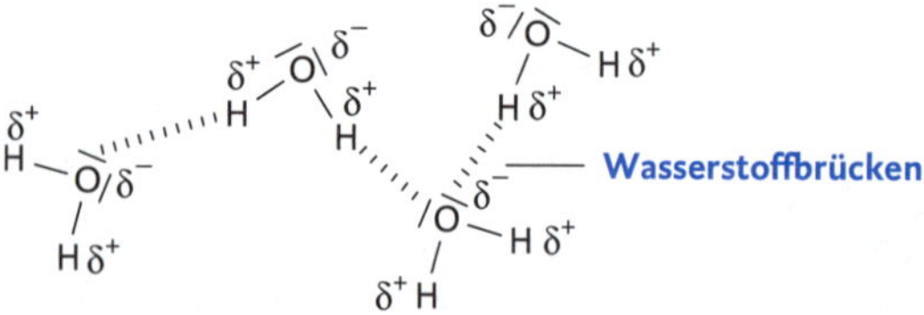

Den Zusammenhalt zwischen unpolaren Molekülen bewirken dagegen die sogenannten **Van-der-Waals-Kräfte**. Im Molekül entstehen kurzzeitig schwache spontane Dipole, die auf die Elektronenwolken benachbarter Moleküle Anziehungs- bzw. Abstoßungskräfte ausüben und diese dadurch ebenfalls polarisieren. Die Kräfte, die zwischen diesen **induzierten Dipolen** wirksam werden, bezeichnet man als Van-der-Waals-Kräfte. Sie sind wesentlich schwächer als die permanenten Dipolkräfte.

3.3 Metallbindung

Metalle bestehen im festen Zustand aus einem regelmäßigen Metallgitter. Auf den Gitterplätzen befinden sich positiv geladene Metallkationen. Da in den Metallatomen die Valenzelektronen nur schwach gebunden sind, bewegen sich diese, losgelöst von den Atomen, als Elektronengas zwischen den positiv geladenen Atomrümpfen.

Die **Bindung in den Metallen** kommt durch die elektrostatische Anziehung zwischen dem **Elektronengas** und den positiv geladenen **Atomrümpfen** zustande.

Die Metallkationen ordnen sich so an, dass sie möglichst dicht gepackt sind **(dichteste Kugelpackungen)**.

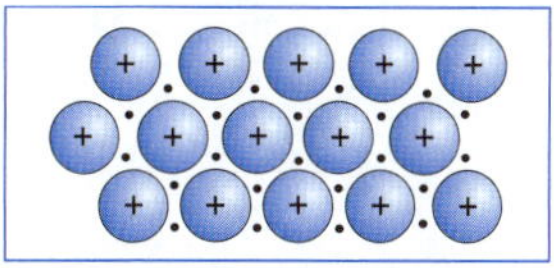

Abb. 28: Anordnung im Metallgitter

Eigenschaften der Metalle

Viele Metalle, wie Blei, Kupfer, Eisen und Aluminium, sind **verformbar**. Im Gegensatz zu den spröden Salzen, die unter Einwirkung mechanischer Kräfte auseinanderbrechen, sind die Metalle in der neuen Form stabil. Da sich auf den Gitterplätzen stets identische Atomrümpfe befinden, können die Gitterebenen gegeneinander verschoben werden, ohne dass dabei die Struktur des Metalls zerstört wird.

Aufgrund der frei beweglichen Valenzelektronen, die mit den Atomrümpfen elektrostatische Wechselwirkungen ausbilden, zeigen Metalle **elektrische Leitfähigkeit**. Beim Anlegen einer Spannung fließen die Elektronen zum positiven Pol der Spannungsquelle. Mit steigender Temperatur werden die Atomrümpfe zu Schwingungen angeregt und behindern so den Elektronenfluss; die Leitfähigkeit der Metalle verringert sich.

Auch die zumeist gute **Wärmeleitfähigkeit** der Metalle lässt sich anhand ihres Aufbaus erklären. Durch Zufuhr von Wärmeenergie werden die Atomrümpfe zu Schwingungen angeregt, die sie auch auf benachbarte Atomrümpfe übertragen und dabei Wärme transportieren.

Chemische Bindung		Elektronegativitätsunterschied ΔE	Bindungspartner	Beispiele
Elektronenpaarbindung	unpolar	$\Delta E = 0$	Nichtmetallatome	N_2, Br_2
	polar	$\Delta E < 1{,}7$	Nichtmetallatome	HCl, H_2O
Ionenbindung		$\Delta E > 1{,}7$	Metall-Kationen, Nichtmetall-Anionen	NaF, Na_2O, CaF_2
Metallbindung		$\Delta E = 0$	Metall-Kationen, Elektronen	Na, K, Mg

Tab. 2: Überblick über die verschiedenen Bindungsarten

Chemische Reaktionen

1 Säure-Base-Reaktionen

Beißt man in einen Apfel, kann dieser mitunter sehr sauer schmecken. Sauer ist ein Geschmacksempfinden; das Gehirn assoziiert **Säure** und man verzieht automatisch das Gesicht. Eine im Alltag gut bekannte Säure ist die Essigsäure. Essig, der zum Würzen von Salaten verwendet wird, enthält mindestens 5 % dieser Säure. Essigsäure ist aufgrund ihrer kalklösenden Wirkung aber auch in verschiedenen Reinigungsmitteln enthalten.
Auch Laugen sind im alltäglichen Gebrauch. Natronlauge wird beispielsweise verwendet, um ein verstopftes Abflussrohr wieder frei zu machen und um die allseits beliebten Laugenbrezeln herzustellen.

1.1 Säure-Base-Theorien

Säuren:
- sauer reagierende **Stoffe** oder **Lösungen**
- färben Lackmuspapier (Indikator) rot

Alkalien (Basen):
- alkalisch reagierende **Stoffe** (z. B. Natriumhydroxid)
- bilden in Wasser alkalische Lösungen (Laugen)

Laugen:
- alkalisch reagierende **Lösungen** (z. B. Natronlauge)
- färben Lackmuspapier blau

Alkalien sind das „Gegenstück“ zu den Säuren und wirken dem sauren Verhalten entgegen. Nachdem man herausgefunden hatte, dass bei der Reaktion von Säuren mit Alkalien **Salze** entstehen, gab man den Alkalien auch den Namen **Basen**, da sie die Basis zur Herstellung von Salzen sind.

Säure-Base-Theorie nach Arrhenius

Justus von Liebig erkannte, dass es sich bei Säuren um Stoffe handelt, die Wasserstoff enthalten. Auf dieser Definition des Säurebegriffes basiert die erste Säure-Base-Theorie von Svante Arrhenius.

> **Säuren** reagieren in wässriger Lösung unter Abgabe von Wasserstoffionen **(H^+-Ionen)**, Basen unter Abgabe von Hydroxidionen **(OH^--Ionen)**.

Beispiel Dissoziation von Salzsäure in wässriger Lösung:

$$HCl \longrightarrow H^+ + Cl^-$$

Dissoziation von Natronlauge in wässriger Lösung:

$$NaOH \longrightarrow Na^+ + OH^-$$

Säure-Base-Theorie nach Brönsted

Brönsted definierte Säuren und Basen nach ihrer Fähigkeit, Wasserstoffionen **(Protonen)** aufzunehmen bzw. abzugeben, und erweiterte damit die Säure-Base-Theorie von Arrhenius. Es wird nun verständlich, weshalb auch Stoffe, wie z. B. Ammoniak (NH_3), die keine Hydroxidionen enthalten, basisch reagieren.

> - **Säuren** geben Protonen ab, sie sind **Protonendonatoren**.
> - **Basen** nehmen Protonen auf, sie sind **Protonenakzeptoren**.

Beispiel Salzsäure als Protonendonator:

$$HCl \longrightarrow H^+ + Cl^-$$

Ammoniak als Protonenakzeptor:

$$NH_3 + H^+ \longrightarrow NH_4^+$$

Allerdings sind freie H^+-Ionen nicht stabil. In wässriger Lösung verbinden sich die Protonen mit Wassermolekülen zu **Oxoniumionen**.

$$H^+ + H_2O \longrightarrow \underset{\text{Oxoniumion}}{H_3O^+}$$

Protonenabgabe und Protonenaufnahme laufen bei chemischen Reaktionen stets gemeinsam ab. Reaktionen, bei denen Protonen übertragen werden, heißen **Protolysen**.

In wässriger Lösung werden die Protonen, die von der Säure abgegeben werden, von den Wassermolekülen aufgenommen. Es entstehen **Oxoniumionen (H_3O^+)** und die wässrige Lösung reagiert **sauer**.

Basen nehmen hingegen in wässriger Lösung Protonen von den Wassermolekülen auf. Es entstehen **Hydroxidionen (OH^-)** und die wässrige Lösung reagiert **basisch**.
Wasser reagiert somit gegenüber Säuren als Base und gegenüber Basen als Säure.

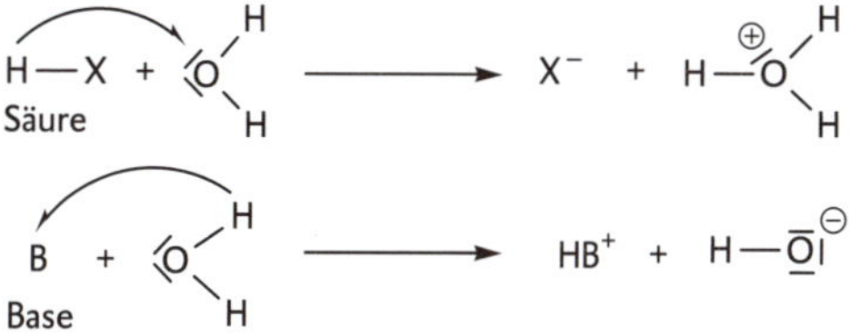

> Stoffe, die wie das Wasser als Säure und als Base reagieren können, heißen **Ampholyte**.

Aus einer Säure HX entsteht durch Protonenabgabe eine Base X^-, die durch erneute Protonenaufnahme wieder in die Säure umgewandelt werden kann. Analog dazu bildet sich aus einer Base B durch Protonenaufnahme eine Säure HB^+, die durch Protonenabgabe wieder in die Base umgewandelt werden kann. Man spricht von **korrespondierenden Säure-Base-Paaren**.

Beispiel

$$\underset{\text{Base 1}}{NH_3} + \underset{\text{Säure 2}}{H_2O} \xrightarrow{H^+} \underset{\text{Säure 1}}{NH_4^+} + \underset{\text{Base 2}}{OH^-}$$

NH_3 und NH_4^+ sowie H_2O und OH^- sind jeweils korrespondierende Säure-Base-Paare.

$$\underset{\text{Säure 1}}{HCl} + \underset{\text{Base 2}}{H_2O} \xrightarrow{H^+} \underset{\text{Base 1}}{Cl^-} + \underset{\text{Säure 2}}{H_3O^+}$$

HCl und Cl^- sowie H_2O und H_3O^+ sind jeweils korrespondierende Säure-Base-Paare.

Da Wasser ein Ampholyt ist, bildet es zwei verschiedene korrespondierende Säure-Base-Paare: H_2O und H_3O^+ sowie H_2O und OH^-. Das Oxoniumion H_3O^+ bildet die Säure, das Hydroxidion OH^- die Base.

1.2 Bildung von Säuren

Säuren werden bei der Reaktion von Nichtmetalloxiden mit Wasser oder beim Lösen von Wasserstoffhalogeniden (HF, HCl, HBr, HI) in Wasser gebildet.

Nichtmetalloxid + Wasser ⟶ Säure
Wasserstoffhalogenid + Wasser ⟶ Säure

Nichtmetalloxide können gasförmig (CO_2, SO_2, NO_2) oder fest (SO_3, P_4O_{10}) vorliegen.

Beispiel $CO_2 + H_2O \longrightarrow H_2CO_3$ (Kohlensäure)
$SO_3 + H_2O \longrightarrow H_2SO_4$ (Schwefelsäure)

Neben den Oxoniumionen liegen in der wässrigen Lösung der Säure auch negativ geladene Ionen vor, die als **Säureanionen** bezeichnet werden.

Beispiel $H_2SO_4 + 2\,H_2O \longrightarrow 2\,H_3O^+ + SO_4^{2-}$

Tabelle 3 enthält wichtige Säuren und ihre Säureanionen.

Formel	Name	gebildet aus	Säureanion	
H_2CO_3	Kohlensäure	$CO_2 + H_2O$	HCO_3^- CO_3^{2-}	Hydrogencarbonation Carbonation
H_2SO_3	schweflige Säure	$SO_2 + H_2O$	HSO_3^- SO_3^{2-}	Hydrogensulfition Sulfition
H_2SO_4	Schwefelsäure	$SO_3 + H_2O$	HSO_4^- SO_4^{2-}	Hydrogensulfation Sulfation
H_3PO_4	Phosphorsäure	$P_4O_{10} + H_2O$	$H_2PO_4^-$ HPO_4^{2-} PO_4^{3-}	Dihydrogen-phosphation Hydrogen-phosphation Phosphation

Formel	Name	gebildet aus	Säureanion	
HNO_3	Salpetersäure	$NO_2 + H_2O$	NO_3^-	Nitration
HNO_2	salpetrige Säure	$NO_2 + H_2O$	NO_2^-	Nitrition
HCl	Salzsäure	$HCl + H_2O$	Cl^-	Chloridion

Tab. 3: Beispiele wichtiger Säuren

Konzentrierte **Schwefelsäure** (Oleum) ist eine ölige, farblose Flüssigkeit. Verdünnt man konzentrierte Schwefelsäure mit Wasser, so erhält man mehr oder weniger verdünnte Schwefelsäure, die sich in ihren Eigenschaften deutlich von konzentrierter Schwefelsäure unterscheidet. Sowohl **Salpetersäure** als auch **salpetrige Säure** entstehen bei der Reaktion von Stickstoffdioxid (NO_2) mit Wasser:

$$2\,NO_2 + H_2O \longrightarrow HNO_3 + HNO_2$$

1.3 Die Bildung von Basen (Laugen)

Basen bzw. Laugen werden bei der Reaktion von Metalloxiden oder Metallen mit Wasser gebildet. Die Reaktion eines Metalls mit Wasser ist eine Redoxreaktion (vgl. S. 57 f.).

Metalloxid + Wasser ⟶ Base (Lauge)
Alkali-/Erdalkalimetall + Wasser ⟶ Base (Lauge) + Wasserstoff

Beispiel

$$Na_2O + H_2O \longrightarrow 2\,NaOH$$
$$2\,Na + 2\,H_2O \longrightarrow 2\,NaOH + H_2$$

In wässriger Lösung dissoziieren die Metallhydroxide in Metallkationen und Hydroxidionen OH^-.

Beispiel

$$NaOH \longrightarrow Na^+ + OH^-$$
$$Ca(OH)_2 \longrightarrow Ca^{2+} + 2\,OH^-$$

Tabelle 4 enthält wichtige Basen.

Formel	Name	gebildet aus	Ionen in wässriger Lösung
NaOH	Natriumhydroxid	Na bzw. $Na_2O + H_2O$	Na^+, OH^-
KOH	Kaliumhydroxid	K bzw. $K_2O + H_2O$	K^+, OH^-
$Ca(OH)_2$	Calciumhydroxid	$CaO + H_2O$	Ca^{2+}, $2\,OH^-$

Tab. 4: Beispiele wichtiger Basen

Ammoniak (NH_3) ist ebenfalls eine Base, die allerdings nicht bei der Reaktion eines Metalls oder Metalloxids mit Wasser gebildet wird. Ammoniak ist ein Gas, das sich sehr gut in Wasser löst und dabei zum Teil zu Ammonium- und Hydroxidionen reagiert.

$$NH_3 + H_2O \longrightarrow NH_4^+ + OH^-$$

Festes Ammoniumhydroxid existiert nicht. Es kommt ausschließlich in Lösung in Form von NH_4^+- und OH^--Ionen vor.

1.4 Neutralisation und Bildung von Salzen

Bei der Reaktion von Säuren mit Basen reagieren Waserstoffionen (H^+) mit Hydroxidionen (OH^-) unter Bildung von Wasser. Diese Reaktion wird als **Neutralisationsreaktion** bezeichnet, da die entstehende Lösung neutral reagiert. Aus den Säureanionen und den Metallkationen bildet sich ein Salz, das in der wässrigen Lösung dissoziiert (vgl. S. 37).

Säure + Base ⟶ Salz + Wasser

Beispiel

$$HCl + NaOH \longrightarrow NaCl + H_2O$$

Säureanion (Cl in HCl), **Metallkation** (Na in NaOH) ⟶ **Natriumchlorid** (Salz)

Da die Reaktion in wässriger Lösung stattfindet, kann auch die Ionenschreibweise verwendet werden:

$$H_3O^+ + Cl^- + Na^+ + OH^- \longrightarrow Na^+ + Cl^- + 2\,H_2O$$

Enthalten die Säuren mehr als nur ein Wasserstoffatom, das in wässriger Lösung als H^+-Ion abgegeben werden kann **(mehrprotonige Säuren)**, so muss bei der vollständigen Neutralisation dieser Säuren die entsprechend höhere Stoffmenge an Base zugegeben werden.

$$H_2SO_4 + 2\,NaOH \longrightarrow Na_2SO_4 + 2\,H_2O$$ **Beispiel**

Die Wasserstoffionen dieser mehrprotonigen Säuren können aber auch stufenweise abgegeben werden. Wird nicht die stöchiometrische Stoffmenge der Base zugegeben, so werden Salze gebildet, die im Säureanion noch gebundene Wasserstoffatome aufweisen.

$$H_2SO_4 + NaOH \longrightarrow NaHSO_4 + H_2O$$ **Beispiel**

Tabelle 5 enthält eine Auswahl wichtiger Salze. Der Name der Salze setzt sich aus dem Metallkation und dem Säureanion zusammen.

Formel	**Name**	**Metall-kation(en)**	**Säureanion**
Na**Cl**	Natrium**chlorid**	Na^+	Cl^-
KF	Kalium**fluorid**	K^+	F^-
NH_4**Cl**	Ammonium**chlorid**	NH_4^+	Cl^-
Na_2**SO_4**	Natrium**sulfat**	$2\,Na^+$	SO_4^{2-}
K**NO_3**	Kalium**nitrat**	K^+	NO_3^-
Na_2**CO_3**	Natrium**carbonat**	$2\,Na^+$	CO_3^{2-}
Ca**CO_3**	Calcium**carbonat**	Ca^{2+}	CO_3^{2-}
Na**HCO_3**	Natrium-**hydrogencarbonat**	Na^+	HCO_3^-
Na**H_2PO_4**	Natrium-**dihydrogenphosphat**	Na^+	$H_2PO_4^-$
Na_2**(HPO_4)**	Natrium-**hydrogenphosphat**	$2\,Na^+$	$H_2PO_4^{2-}$
Na_3**PO_4**	Natrium**phosphat**	$3\,Na^+$	PO_4^{3-}

Tab. 5: Beispiele wichtiger Salze

1.5 Autoprotolyse und Ionenprodukt des Wassers

Auch in reinem Wasser liegen Oxonium- und Hydroxidionen vor. Diese Ionen entstehen bei der **Autoprotolyse des Wassers**.

$$H_2O + H_2O \rightleftharpoons H_3O^+ + OH^-$$

Da diese Reaktion nur in äußerst geringem Maße stattfindet, ist auch die Konzentration von Oxonium- und Hydroxidionen in neutralen wässrigen Lösungen entsprechend gering.

In einer **neutralen** wässrigen Lösung gilt:
$c(H_3O^+) = c(OH^-) = 10^{-7}\ mol \cdot L^{-1}$

Das Produkt dieser beiden Ionenkonzentrationen wird als **Ionenprodukt des Wassers** bezeichnet und es beträgt in **allen** (verdünnten) wässrigen Lösungen:
$c(H_3O^+) \cdot c(OH^-) = 10^{-14}\ mol^2 \cdot L^{-2}$

- In einer **sauren** wässrigen Lösung gilt:
  $c(H_3O^+) > c(OH^-)$
  $\Rightarrow\ c(H_3O^+) > 10^{-7}\ mol \cdot L^{-1}$ bzw. $c(OH^-) < 10^{-7}\ mol \cdot L^{-1}$
- In einer **basischen** wässrigen Lösung gilt:
  $c(H_3O^+) < c(OH^-)$
  $\Rightarrow\ c(H_3O^+) < 10^{-7}\ mol \cdot L^{-1}$ bzw. $c(OH^-) > 10^{-7}\ mol \cdot L^{-1}$

1.6 Der pH-Wert

Der pH-Wert einer wässrigen Lösung gibt Auskunft darüber, ob es sich um eine saure, neutrale oder basische Lösung handelt.

Der **pH-Wert** entspricht dem negativen dekadischen Logarithmus der Oxoniumionenkonzentration:
$pH = -\lg c(H_3O^+)$

Mit $c(H_3O^+) = 10^{-7}\ mol \cdot L^{-1}$ ergibt sich für eine neutrale wässrige Lösung ein pH-Wert von 7.

Beispiel

Zu 1 L Wasser wird 1 mmol (=10^{-3} mol) HCl gegeben.

$$HCl + H_2O \longrightarrow Cl^- + H_3O^+$$

Man geht davon aus, dass **alle** HCl-Moleküle ihr Proton auf Wassermoleküle übertragen. Die Konzentration der Oxoniumionen erhöht sich dadurch von 10^{-7} mol · L^{-1} in reinem Wasser auf 10^{-3} mol · L^{-1}. Da die H_3O^+-Konzentration von reinem Wasser deutlich geringer ist als die H_3O^+-Konzentration der wässrigen HCl-Lösung, kann sie vernachlässigt werden.

$pH = -\lg 10^{-3} = 3$

Die erhaltene Lösung hat einen pH-Wert von 3.

Tabelle 6 verdeutlicht den Zusammenhang zwischen der Oxoniumionenkonzentration, der Hydroxidionenkonzentration und dem pH-Wert verschiedener wässriger Lösungen.

$c(H_3O^+)$	$c_{H_3O^+}$ [mol · L^{-1}]	pH	c_{OH^-} [mol · L^{-1}]	$c(OH^-)$
	$10^0 = 1$	0	10^{-14}	sauer
	10^{-1}	1	10^{-13}	
	10^{-2}	2	10^{-12}	
	10^{-3}	3	10^{-11}	
	10^{-4}	4	10^{-10}	
	10^{-5}	5	10^{-9}	
	10^{-6}	6	10^{-8}	
	10^{-7}	7	10^{-7}	neutral
	10^{-8}	8	10^{-6}	
	10^{-9}	9	10^{-5}	
	10^{-10}	10	10^{-4}	
	10^{-11}	11	10^{-3}	
	10^{-12}	12	10^{-2}	
	10^{-13}	13	10^{-1}	alkalisch
	10^{-14}	14	$10^0 = 1$	

Tab. 6: Zusammenhang zwischen der Oxoniumionen-, der Hydroxidionenkonzentration und dem pH-Wert

Anstelle des pH-Wertes kann auch der pOH-Wert einer Lösung angegeben werden.

Der **pOH-Wert** entspricht dem negativen dekadischen Logarithmus der Hydroxidionenkonzentration:

$pOH = -\lg c(OH^-)$

Da das Produkt aus Oxoniumionenkonzentration und Hydroxidionenkonzentration stets $10^{-14}\ mol^2 \cdot L^{-2}$ beträgt, besteht zwischen dem pH-Wert und dem pOH-Wert einer Lösung folgender Zusammenhang:

pH + pOH = 14

Beispiel Berechnung des pH- bzw. pOH-Wertes einer 0,1 molaren Natronlauge:

$c(OH^-) = 0{,}1\ mol \cdot L^{-1}$
$pOH = -\lg\{0{,}1\} = 1$
$pH = 14 - 1 = 13$

1.7 pH-Indikatoren

Der pH-Wert einer Lösung lässt sich mithilfe bestimmter Indikatoren einfach bestimmen. Dazu werden die Indikatoren in die Lösung getropft oder befinden sich auf einem Papier, das in die Lösung gehalten werden kann (Indikatorpapier).

Indikatoren sind Farbstoffe, die in Abhängigkeit vom pH-Wert der Lösung eine **charakteristische Farbe** annehmen.

Ein bekannter Indikator ist **Lackmus**, der in saurer Lösung rot und in basischer Lösung blau gefärbt ist. **Phenolphthalein** ist im pH-Bereich von 0 bis 8,2 farblos und im Bereich von 8,2 bis 12 violett gefärbt. **Universalindikatoren** sind Gemische verschiedener Indikatoren, die dementsprechend viele Farbumschläge aufweisen. Universalindikatoren decken fast den gesamten pH-Bereich (1–14) ab und wechseln ihre Farbe von Rot (sauer) über Orange (leicht sauer) nach Grün (neutral), Grünblau (schwach alkalisch) und Blau (stark alkalisch).

1.8 Säure-Base-Titration

Die Säure-Base-Titration ist ein **maßanalytisches Verfahren** zur Bestimmung des Gehalts einer Säure durch Reaktion mit einer Base oder zur Bestimmung des Gehalts einer Base durch Reaktion mit einer Säure. In einem Erlenmeyerkolben (Vorlage) wird ein definiertes Volumen einer Analysenlösung (z. B. HCl) unbekannter Konzentration vorgelegt und mit einem geeigneten Indikator versetzt. Die Wahl des Indikators hängt davon ab, in welchem pH-Bereich man den Endpunkt der Titration erwartet. Der Endpunkt der Titration muss im Umschlagbereich des Indikators liegen. Aus einer Bürette wird dann eine Maßlösung bekannter Konzentration (z. B. NaOH) unter ständigem Rühren zu der Analysenlösung getropft. Wurde so viel Lauge (bzw. Säure) zugetropft, dass die vorgelegte Säure (bzw. Lauge) vollständig umgesetzt ist, so kommt es zur Farbänderung des Indikators. Der Farbumschlag zeigt den Endpunkt der Titration **(Äquivalenzpunkt)** an; die Lösung reagiert neutral. Das zur Neutralisation der Säure (bzw. Base) benötigte Volumen an Base (bzw. Säure) kann an der Bürette abgelesen werden.

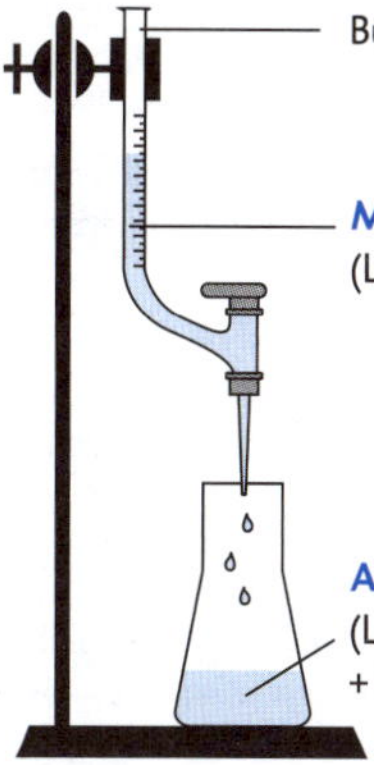

Abb. 29: Säure-Base-Titration

Am Äquivalenzpunkt gilt:

$c(\text{Säure}) \cdot V(\text{Säure}) = c(\text{Lauge}) \cdot V(\text{Lauge})$

Beispiel In der Vorlage befinden sich 40 mL Natronlauge unbekannter Konzentration. Die Lauge wird mit Salzsäure ($c(HCl) = 0{,}1\ mol \cdot L^{-1}$) titriert. Dabei werden 27 mL Salzsäure bis zum Umschlag des Indikators Neutralrot verbraucht.

Berechnung der Konzentration der Natronlauge:

$$c(NaOH) \cdot V(NaOH) = c(HCl) \cdot V(HCl)$$

$$c(NaOH) = \frac{c(HCl) \cdot V(HCl)}{V(NaOH)} = \frac{0{,}1\ mol \cdot L^{-1} \cdot 27\ mL}{40\ mL} = 0{,}068\ mol \cdot L^{-1}$$

1.9 Die Wasserhärte

Wer kennt ihn nicht – den weißen Belag, der sich in Kaffeemaschinen, Wasserkochern oder Waschmaschinen nach einer gewissen Zeit absetzt? Diese Ablagerungen aus Calciumcarbonat ($CaCO_3$) werden vor allem beim Erhitzen aus dem im Wasser gelösten Calciumhydrogencarbonat ($Ca(HCO_3)_2$) gebildet.

$$\underbrace{Ca^{2+} + 2\,HCO_3^-}_{Ca(HCO_3)_2} \longrightarrow CaCO_3 + CO_2 + H_2O$$

Entfernt werden können Kalkablagerungen mit Zitronen- oder Essigsäure. Dabei wird Kohlensäure (H_2CO_3) freigesetzt, die sofort in CO_2 und H_2O zerfällt.

$$CaCO_3 + 2\,CH_3COO^- + 2\,H_3O^+ \longrightarrow Ca(CH_3COO)_2 + CO_2 + 3\,H_2O$$

Je höher die Konzentration an Calcium- und Hydrogencarbonationen im Wasser ist, umso **härter** ist das Wasser.

Hartes Wasser bringt nicht nur eine Verkalkung von Elektrogeräten mit sich, sondern verringert auch die **Waschwirkung** von Seifen. Seifen (vgl. S. 111 f.) werden durch die Calciumionen in schwer lösliche Calciumseifen umgewandelt, fallen aus und werden damit dem Waschprozess entzogen. Um dasselbe Waschergebnis wie mit weichem Wasser zu erzielen, ist daher mehr Seife notwendig. Zur Verbesserung der Waschwirkung werden in modernen Waschmitteln Zeolithe als Enthärtersubstanzen eingesetzt. Zeolithe sind Silikate und wirken als **Ionenaustauscher**. In ihren Hohlräumen befinden sich Na^+-Kationen, die gegen die Ca^{2+}-Kationen ausgetauscht werden.

1.10 Ionennachweise durch Fällung von Salzen

Die Bildung von schwer löslichem **Calciumcarbonat** ($CaCO_3$) kann zum Nachweis von Hydroxidionen oder zum Nachweis von Kohlenstoffdioxid herangezogen werden. Leitet man Kohlenstoffdioxid in eine Calciumhydroxidlösung ein, fällt Kalkstein aus und die Lösung trübt sich.

$$Ca(OH)_2 + CO_2 \longrightarrow CaCO_3 + H_2O$$

Silberhalogenide (mit Ausnahme von Silberfluorid) sind Salze, die in Wasser schwer löslich sind. Dies macht man sich sowohl beim Nachweis von Silberionen als auch beim Nachweis von Halogenidionen zunutze. Gibt man eine Natriumchloridlösung zu einer Silbernitratlösung, so bildet sich ein weißer Niederschlag von **Silberchlorid**.

$$Ag^+ + NO_3^- + Na^+ + Cl^- \longrightarrow Na^+ + NO_3^- + AgCl$$

Bei der Reaktion mit Iodidionen fällt gelbes **Silberiodid** aus.

$$Ag^+ + I^- \longrightarrow AgI$$

2 Redoxreaktionen und Elektrochemie

2.1 Redoxreaktionen

Die Energiegewinnung auf der Erde erfolgt zu einem großen Teil über **Redoxreaktionen**, kombinierte Oxidations- und Reduktionsreaktionen.

Beispiel

Verbrennung von Koks mit Luftsauerstoff in Kohlekraftwerken:

$$C + O_2 \longrightarrow CO_2$$

Energieversorgung der Zellen:

$$C_6H_{12}O_6 + 6\,O_2 + 6\,H_2O \longrightarrow 6\,CO_2 + 12\,H_2O$$

Die ursprüngliche Definition einer Oxidation bzw. einer Reduktion geht auf Antoine Lavoisier zurück, der die Vorgänge bei Verbrennungsreaktionen aufklärte.

- Eine **Oxidation** ist eine Reaktion, die unter Aufnahme von Sauerstoff abläuft.
- Eine **Reduktion** ist eine Reaktion, die unter Abgabe von Sauerstoff abläuft.

Beispiel Bei der Reaktion von Eisenoxid (Fe_2O_3) mit Aluminium (Thermitreaktion) wird das Eisenoxid zu elementarem Eisen reduziert und Aluminium zu Aluminiumoxid (Al_2O_3) oxidiert.

Da es allerdings auch Oxidationen bzw. Reduktionen gibt, die ohne die Beteiligung von Sauerstoff ablaufen, musste die ursprüngliche Definition erweitert werden. Nach der Aufklärung des Atombaus erkannte man, dass es sich bei Redoxreaktionen um **Reaktionen mit Elektronenübergängen** handelt.

Bei einer **Oxidation** werden Elektronen abgegeben, bei einer **Reduktion** werden Elektronen aufgenommen. Oxidation und Reduktion laufen stets gemeinsam ab **(Redoxreaktion)**.

Wird ein Stoff oxidiert, so gibt er Elektronen ab. Diese Elektronen werden auf einen Reaktionspartner übertragen, der dadurch reduziert wird.

- Der Reaktionspartner, der im Verlauf einer Redoxreaktion Elektronen abgibt (Elektronendonator bzw. -spender), ist das **Reduktionsmittel**.
- Der Reaktionspartner, der im Verlauf einer Redoxreaktion Elektronen aufnimmt (Elektronenakzeptor bzw. -fänger), ist das **Oxidationsmittel**.

Das Reduktionsmittel und das durch Elektronenabgabe entstehende Oxidationsmittel bilden ein **korrespondierendes Redoxpaar**.

Beispiel

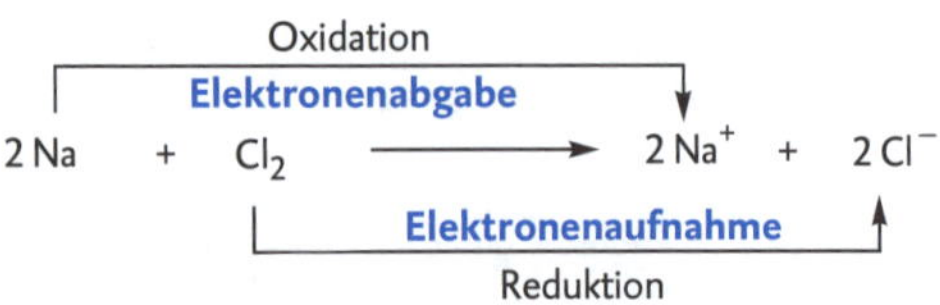

Das Natriumatom gibt gemäß der **Oktettregel** (vgl. S. 29) sein Valenzelektron ab und wird oxidiert. Ein Chloratom nimmt dieses Elektron auf (bzw. ein Chlormolekül nimmt zwei Elektronen auf) und wird reduziert. Sowohl das Natriumkation als auch das Chloranion erreichen durch Elektronenabgabe bzw. Elektronenaufnahme eine Edelgaselektronenkonfiguration.

$$\underset{\text{Reduktionsmittel 1}}{Na} \longrightarrow \underset{\text{Oxidationsmittel 1}}{Na^+} + e^-$$

$$\underset{\text{Oxidationsmittel 2}}{Cl_2} + 2\,e^- \longrightarrow \underset{\text{Reduktionsmittel 2}}{2\,Cl^-}$$

Na/Na^+ und Cl_2/Cl^- sind jeweils korrespondierende Redoxpaare.

Analog zu den Säure-Base-Reaktionen, bei denen allerdings keine Elektronen, sondern Protonen übertragen werden, liegt den Redoxreaktionen das **Donator-Akzeptor-Prinzip** zugrunde.

Die Redoxreihe der Metalle

Typisch für Metallatome ist es, bei chemischen Reaktionen Elektronen abzugeben (vgl. S. 33). Nach ihrem Bestreben, die Valenzelektronen abzugeben, werden die Metalle in einer bestimmten Reihe, der **Redoxreihe**, angeordnet.

> Je **leichter** ein Metallatom Valenzelektronen abgibt, umso **unedler** ist das Metall.

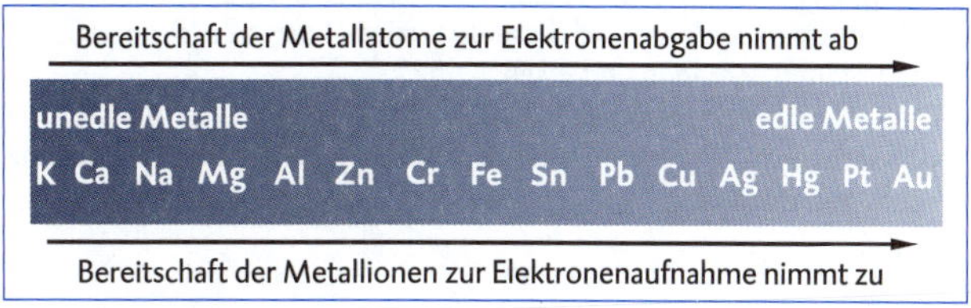

Abb. 30: Redoxreihe der Metalle

Unedle Metalle (Alkalimetalle, Magnesium, Zink, Eisen etc.) können leicht oxidiert werden und sind daher gute Reduktionsmittel. Entsprechend schlechte Oxidationsmittel sind ihre Ionen. Kupfer, Silber und Gold zählen dagegen zu den edlen Metallen und lassen sich nur schwer oxidieren. Ihre Ionen sind wiederum sehr gute Oxidationsmittel.

Ein Metall wirkt gegenüber allen Metallionen, die in der Redoxreihe weiter rechts stehen (also edler sind) als Reduktionsmittel. Es scheidet daher all diese Metalle aus ihren Salzlösungen als elementare Metalle ab und geht selbst in Form seiner Ionen in Lösung.

Beispiel Eisen ist unedler als Kupfer (Kupfer steht in der Redoxreihe weiter rechts). Stellt man einen Eisennagel in eine Kupfersalzlösung (z. B. $CuSO_4$-Lösung), kann man nach einer gewissen Zeit einen rötlichen Niederschlag auf dem Eisennagel beobachten.
Eisenatome geben zwei Elektronen ab und gehen als Eisenionen (Fe^{2+}) in Lösung. Kupferionen (Cu^{2+}) nehmen diese zwei Elektronen auf und werden zu Kupferatomen reduziert. Das elementare Kupfer scheidet sich auf dem Eisennagel ab.

Oxidation: $Fe \longrightarrow Fe^{2+} + 2\,e^-$

Reduktion: $Cu^{2+} + 2\,e^- \longrightarrow Cu$

Redox: $Fe + Cu^{2+} \longrightarrow Fe^{2+} + Cu$

Stellt man hingegen einen Silbernagel in die Kupfersalzlösung, so geschieht nichts. Silber ist edler als Kupfer und wird daher in Gegenwart einer $CuSO_4$-Lösung nicht oxidiert.

Oxidationszahlen

Da es bei den meisten Redoxreaktionen schwierig ist, die Anzahl der übertragenen Elektronen zu ermitteln, wird eine Hilfsgröße eingeführt – die **Oxidationszahl**. Anhand dieser formalen Hilfsgröße lassen sich Redoxreaktionen erkennen und lösen.
Mittels der folgenden Regeln werden den Atomen einer Verbindung Oxidationszahlen zugeordnet, die als römische Ziffer über die Atome geschrieben werden.

Nr.	Regeln zur Bestimmung von Oxidationszahlen	Beispiele
1	Die Oxidationszahl von **Elementen** ist 0.	$\overset{0}{O_2}$ $\overset{0}{Na}$
2	**Wasserstoff** hat in Verbindungen immer die Oxidationszahl +I (Ausnahme: in Metallhydriden –I).	$\overset{+I}{H}Cl$ $\overset{+I}{H_2}O$ $Na\overset{-I}{H}$

Nr.	Regeln zur Bestimmung von Oxidationszahlen	Beispiele
3	**Sauerstoff** hat in Verbindungen immer die Oxidationszahl –II (Ausnahme: in Peroxiden –I, in Sauerstofffluoriden +I oder +II).	$H_2\overset{-II}{O}$ $Cu\overset{-II}{O}$ $H_2\overset{-I}{O_2}$
4	Die Oxidationszahl von **Metallen** ist immer positiv.	$\overset{+I}{Na}Cl$ $\overset{+III}{Fe_2}O_3$
5	Die **Summe** der Oxidationszahlen aller Atome ist in neutralen Verbindungen immer 0.	$\overset{+I}{H_2}\overset{-II}{O}$ $\overset{+II}{Cu}\overset{-II}{O}$ $\overset{+III}{Al_2}\overset{-II}{O_3}$
6	Die Oxidationszahl eines einfachen **Ions** ist immer gleich der Ionenladung.	$\overset{+I}{Na^+}$ $\overset{+III}{Al^{3+}}$
7	In zusammengesetzten Ionen (Molekül-Ionen) entspricht die Summe der Oxidationszahlen der Ladung des gesamten Teilchens.	$\overset{+VI}{S}\overset{-II}{O_4}{}^{2-}$ $\overset{-III}{N}\overset{+I}{H_4^+}$
8	In **organischen Verbindungen** werden die Bindungselektronen immer dem elektronegativeren Bindungspartner zugeordnet. Besitzen zwei Bindungspartner dieselbe Elektronegativität, so wird jedem die Hälfte der Bindungselektronen zugeordnet. Die Oxidationszahl entspricht der formalen Ladung eines jeden Atoms.	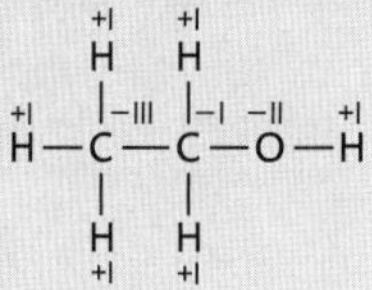

Um eine Reaktion als Redoxreaktion identifizieren zu können, muss man die Oxidationszahlen der Atome in den Ausgangsverbindungen mit den Oxidationszahlen der Atome in den Endverbindungen vergleichen. Eine Redoxreaktion liegt dann vor, wenn sich die Oxidationszahlen bestimmter Atome im Verlauf der Reaktion verändern.

Eine **Erhöhung** der Oxidationszahl kennzeichnet die **Oxidation** (Elektronenabgabe), eine **Verringerung** der Oxidationszahl kennzeichnet die **Reduktion** (Elektronenaufnahme).

Beispiel

$$2\overset{0}{Mg} + \overset{0}{O_2} \longrightarrow 2\overset{+II\ -II}{MgO}$$

Die Oxidationszahl von Magnesium erhöht sich von 0 auf +II, es wird demnach oxidiert. Gleichzeitig wird Sauerstoff reduziert, da sich seine Oxidationszahl von 0 auf –II verringert.

Schrittweises Erstellen von Redoxgleichungen

Das Erstellen von Redoxgleichungen wird am Beispiel der Reaktion von Kaliumiodid (KI) mit Kaliumchlorat ($KClO_3$) in wässriger Lösung verdeutlicht.

1. Aufstellen der beiden **Teilgleichungen** der Redoxreaktion.

$$2\,I^- \longrightarrow I_2$$

$$ClO_3^- \longrightarrow Cl^-$$

2. Ermitteln der **wesentlichen Oxidationszahlen** und Zuweisung der Begriffe Oxidation (Erhöhung der Oxidationszahl) und Reduktion (Erniedrigung der Oxidationszahl).

Oxidation: $2\,\overset{-I}{I^-} \longrightarrow \overset{0}{I_2}$

Reduktion: $\overset{+V}{Cl}O_3^- \longrightarrow \overset{-I}{Cl^-}$

3. Die Anzahl der abgegebenen bzw. der aufgenommenen **Elektronen** ergibt sich aus der Differenz der Oxidationszahlen. (Es müssen auch die jeweiligen Koeffizienten berücksichtigt werden.)

Oxidation: $2\,\overset{-I}{I^-} \longrightarrow \overset{0}{I_2} + \mathbf{2e^-}$

Reduktion: $\overset{+V}{Cl}O_3^- + \mathbf{6\,e^-} \longrightarrow \overset{-I}{Cl^-}$

4. Der **Ladungsausgleich** der beiden Teilgleichungen erfolgt über Oxoniumionen (H_3O^+) im sauren und Hydroxidionen (OH^-) im basischen Milieu. (Die Ladung muss anschließend auf beiden Seiten der Teilgleichungen identisch sein.)

Oxidation: $2\overset{-I}{I^-} \longrightarrow \overset{0}{I_2} + 2e^-$

Reduktion: $\overset{+V}{Cl}O_3^- + 6\,e^- + \mathbf{6\,H_3O^+} \longrightarrow \overset{-I}{Cl^-}$

5. Der **Stoffausgleich** (Ausgleich der Wasserstoff- und Sauerstoffatome) erfolgt mit Wassermolekülen.

Oxidation: $2\overset{-I}{I}^{-} \longrightarrow \overset{0}{I_2} + 2e^{-}$

Reduktion: $\overset{+V}{Cl}O_3^{-} + 6e^{-} + 6H_3O^{+} \longrightarrow \overset{-I}{Cl}^{-} + \mathbf{9H_2O}$

6. Die Anzahl der abgegebenen und aufgenommenen Elektronen muss identisch sein. Dazu wird das kleinste gemeinsame Vielfache ermittelt.

Oxidation: $2\overset{-I}{I}^{-} \longrightarrow \overset{0}{I_2} + 2e^{-} \quad | \cdot 3$

Reduktion: $\overset{+V}{Cl}O_3^{-} + 6e^{-} + 6H_3O^{+} \longrightarrow \overset{-I}{Cl}^{-} + 9H_2O$

7. Aufstellen der **Gesamtgleichung**. Es werden die linken und rechten Seiten der Teilgleichungen addiert. (Die Elektronen fallen dabei weg.)

$6I^{-} + ClO_3^{-} + 6H_3O^{+} \longrightarrow 3I_2 + Cl^{-} + 9H_2O$

Beispiel

Eisen(II)-Ionen werden im sauren Milieu von Permanganationen (MnO_4^-) zu Eisen(III)-Ionen oxidiert. Gleichzeitig werden die MnO_4^--Ionen zu Mn^{2+}-Ionen reduziert.

Ox: $\overset{+II}{Fe}^{2+} \longrightarrow \overset{+III}{Fe}^{3+} + e^{-} \quad | \cdot 5$

Red: $\overset{+VII}{Mn}O_4^{-} + 5e^{-} + 8H_3O^{+} \longrightarrow \overset{+II}{Mn}^{2+} + 12H_2O$

Redox: $5Fe^{2+} + MnO_4^{-} + 8H_3O^{+} \longrightarrow 5Fe^{3+} + Mn^{2+} + 12H_2O$

2.2 Elektrochemie

Redoxreaktionen bilden die Grundlage für elektrochemische Prozesse. Bei diesen wird entweder chemische in elektrische Energie oder elektrische in chemische Energie umgewandelt.

Galvanische Elemente

Die Stromerzeugung in galvanischen Elementen erfolgt über zwei Redoxpaare, die räumlich voneinander getrennt und elektrisch leitend miteinander verbunden sind.

In **galvanischen Elementen** wird chemische Energie spontan und **freiwillig** in elektrische Energie umgewandelt.

Das bekannteste galvanische Element ist das **Daniell-Element**. Diese elektrochemische Zelle besteht aus einer Zinkelektrode, die in eine Zinksulfatlösung eintaucht **(Zinkhalbzelle),** und einer Kupferelektrode, die in eine Kupfersulfatlösung eintaucht **(Kupferhalbzelle)**. Zink- und Kupfersulfatlösung werden als **Elektrolytlösungen** bezeichnet.

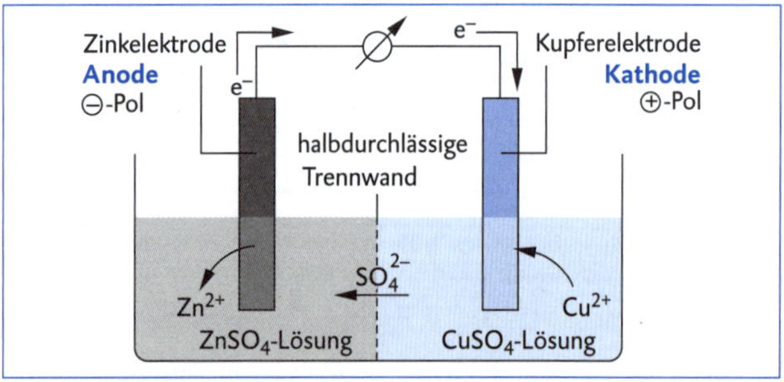

Abb. 31: Aufbau des Daniell-Elements

Aus der Redoxreihe der Metalle (vgl. S. 59) kann abgelesen werden, dass Kupfer edler ist als Zink. Die Zinkatome der Zinkelektrode geben daher jeweils zwei Elektronen ab und gehen als Zn^{2+}-Ionen in Lösung. Sie werden oxidiert. Die abgegebenen Elektronen fließen zur Kupferelektrode und werden hier von den in der Lösung enthaltenen Cu^{2+}-Ionen aufgenommen. Die Cu^{2+}-Ionen werden zu elementarem Kupfer reduziert, das sich auf der Kupferelektrode abscheidet.
Da sich in der Zinkhalbzelle die Anzahl der positiven Ladungen (mehr Zn^{2+}-Ionen) erhöht und gleichzeitig in der Kupferhalbzelle erniedrigt (weniger Cu^{2+}-Ionen), muss eine halbdurchlässige Trennwand zwischen den beiden Halbzellen den Ladungsausgleich gewährleisten.

- Die Elektrode, an der die Oxidation stattfindet, wird als **Anode** bezeichnet. Sie ist der **Minuspol** des galvanischen Elements.
- Die Elektrode, an der die Reduktion stattfindet, wird als **Kathode** bezeichnet. Sie ist der **Pluspol** des galvanischen Elements.

Chemische Vorgänge im Daniell-Element:

$$\ominus \text{ Anode: } \overset{0}{\mathrm{Zn}} \longrightarrow \overset{+II}{\mathrm{Zn}^{2+}} + 2\,e^-$$

$$\oplus \text{ Kathode: } \overset{+II}{\mathrm{Cu}^{2+}} + 2\,e^- \longrightarrow \overset{0}{\mathrm{Cu}}$$

$$\mathrm{Zn} + \mathrm{Cu}^{2+} \longrightarrow \mathrm{Cu} + \mathrm{Zn}^{2+}$$

Zwischen die beiden Elektroden wird ein Voltmeter oder ein Verbraucher geschaltet, der durch den Elektronenfluss mit Strom versorgt wird.

Batterien und Akkumulatoren

Bei galvanischen Elementen wird zwischen Primär- und Sekundärelementen unterschieden. Als **Primärelemente (Batterien)** werden galvanische Zellen bezeichnet, bei denen die Reaktionspartner im Verlauf der Reaktion verbraucht werden. Sie können nicht wieder aufgeladen werden.

Ein Beispiel für ein Primärelement ist die **Zink-Braunstein-Batterie**. Der Zinkbecher ist die Anode, der mit Braunstein (MnO_2) und Aktivkohle umgebene Kohlestab die Kathode. Ammoniumchlorid übernimmt die Rolle des Elektrolyten und liefert die Protonen für den Reduktionsschritt. Beim Entladen entsteht Ammoniak, das in Form eines $[Zn(NH_3)_2]^{2+}$-Komplexes gebunden wird.

$$NH_4^+ \longrightarrow NH_3 + H^+$$

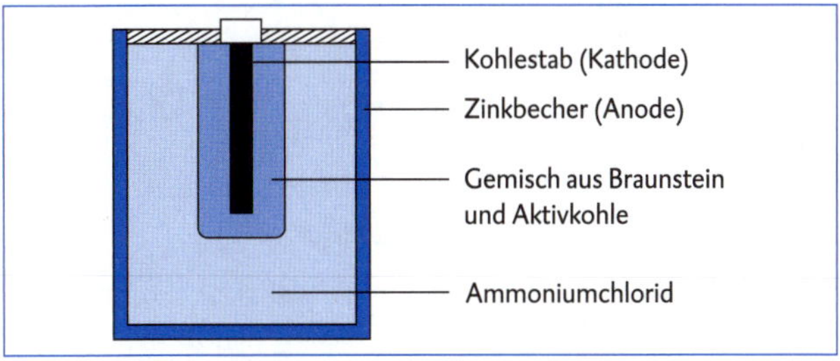

Abb. 32: Aufbau der Zink-Braunstein-Batterie

Vorgänge in der Zink-Braunstein-Batterie:

$$\ominus\ \text{Anode:}\quad \overset{0}{Zn} \longrightarrow \overset{+II}{Zn^{2+}} + 2\,e^-$$

$$\oplus\ \text{Kathode:}\quad \overset{+IV}{MnO_2} + e^- + H_3O^+ \longrightarrow \overset{+III}{MnO(OH)} + H_2O \quad |\cdot 2$$

$$Zn + 2\,MnO_2 + 2\,H_3O^+ \longrightarrow Zn^{2+} + 2\,MnO(OH) + 2\,H_2O$$

Werden beide Pole über einen Verbraucher miteinander verbunden, fließen Elektronen. Die Batterie liefert Strom.

Im Gegensatz zu den Primärelementen können die **Sekundärelemente (Akkumulatoren)** durch die Umkehrung der chemischen Vorgänge wieder aufgeladen werden. Von großer technischer Bedeutung ist der **Bleiakkumulator** (Autobatterie). Die Anode besteht aus Blei, die Kathode aus Bleidioxid (PbO_2) und als Elektrolytlösung wird ca. 25 %ige Schwefelsäure verwendet.

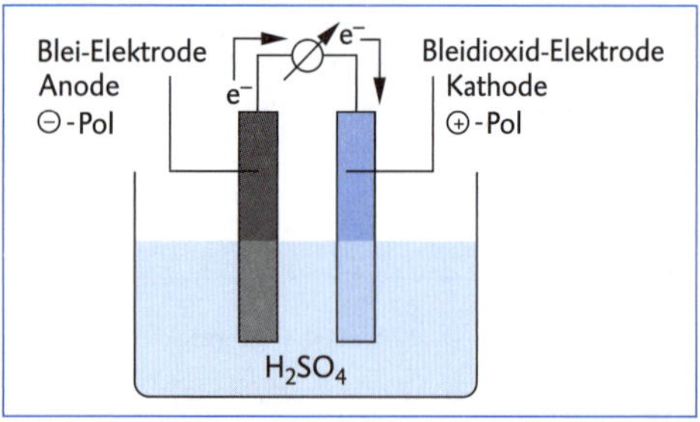

Abb. 33: Bleiakkumulator

Vorgänge im Bleiakkumulator beim Entladen:

$$\ominus\ \text{Anode:}\quad \overset{0}{Pb} \longrightarrow \overset{+II}{Pb^{2+}} + 2\,e^-$$

$$\oplus\ \text{Kathode:}\quad \overset{+IV}{PbO_2} + 2\,e^- + 4\,H_3O^+ \longrightarrow \overset{+II}{Pb^{2+}} + 6\,H_2O$$

$$Pb + PbO_2 + 4\,H_3O^+ \longrightarrow 2\,Pb^{2+} + 6\,H_2O$$

bzw.

$$Pb + PbO_2 + 2\,H_2SO_4 \longrightarrow 2\,PbSO_4 + 2\,H_2O$$

Die während des Entladevorgangs gebildeten Pb^{2+}-Ionen verbinden sich mit den Sulfationen (SO_4^{2-}) der Schwefelsäure zu schwer löslichem

Bleisulfat ($PbSO_4$), das einen Überzug auf den Elektroden bildet. Beim Entladen des Bleiakkumulators wird Strom erzeugt.
Ist der Bleiakkumulator vollständig entladen, so kann er durch die Zufuhr elektrischer Energie wieder aufgeladen werden. Dabei kehren sich die chemischen Reaktionen um und das Bleisulfat wird zu Blei reduziert und zu Bleidioxid oxidiert.

$$Pb + PbO_2 + 2\,H_2SO_4 \underset{\textbf{Laden}}{\overset{\textbf{Entladen}}{\rightleftharpoons}} 2\,PbSO_4 + 2\,H_2O$$

Die **Brennstoffzelle** ist ein galvanisches Element, bei dem die elektrische Energie durch die Reaktion von Wasserstoff mit Sauerstoff zu Wasser gewonnen wird. Der Brennstoff Wasserstoff und das Oxidationsmittel Sauerstoff werden den beiden Elektroden dabei kontinuierlich zugeführt. Der Elektrolyt, eine **Protonenaustauschermembran (PEM)**, sorgt für die Trennung der beiden Elektrodenräume, verhindert eine Vermischung der beiden Gase und ist selektiv nur für Protonen durchlässig

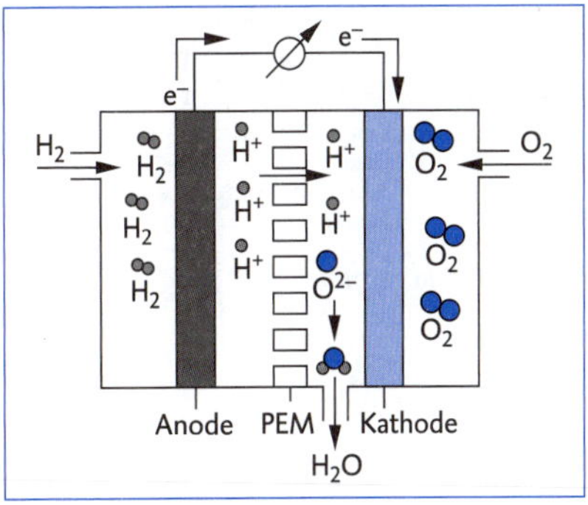

Abb. 34: Brennstoffzelle (Knallgaszelle)

Vorgänge in der Brennstoffzelle:

$$\ominus \text{ Anode: } \overset{0}{H_2} \longrightarrow 2\,\overset{+I}{H^+} + 2\,e^- \quad |\cdot 2$$

$$\oplus \text{ Kathode: } \overset{0}{O_2} + 4\,e^- \longrightarrow 2\,\overset{-II}{O}{}^{2-}$$

$$2\,H_2 + O_2 \longrightarrow \underbrace{4\,H^+ + 2\,O^{2-}}_{2\,H_2O}$$

An der Platinanode wird Wasserstoff oxidiert. Die abgegebenen Elektronen fließen zur Platinkathode, an der O_2-Moleküle durch die Elektronenaufnahme zu O^{2-}-Ionen reduziert werden. Die Protonen passieren die Protonenaustauschermembran und verbinden sich mit den O^{2-}-Ionen zu Wassermolekülen.

Elektrolysen

Elektrolysen sind **erzwungene** Reaktionen. Durch Zufuhr von elektrischer Energie werden die Vorgänge, die in galvanischen Zellen freiwillig ablaufen und dabei elektrische Energie liefern, gerade umgekehrt.

> Bei **Elektrolysen** wird elektrische Energie in chemische Energie umgewandelt.

In Elektrolysezellen haben Kathode und Anode andere Vorzeichen als in galvanischen Zellen. Die **Kathode** ist mit dem **Minuspol** der Spannungsquelle verbunden und negativ geladen, die **Anode** ist mit dem **Pluspol** der Spannungsquelle verbunden und positiv geladen.

Im **Hofmann'schen Zersetzungsapparat** wird durch Anlegen einer Gleichspannung Wasser, welches mit Schwefelsäure leitfähig gemacht wurde, in Wasserstoff und Sauerstoff zerlegt. Die beiden Gase Wasserstoff und Sauerstoff bilden sich dabei im Volumenverhältnis 2 : 1.

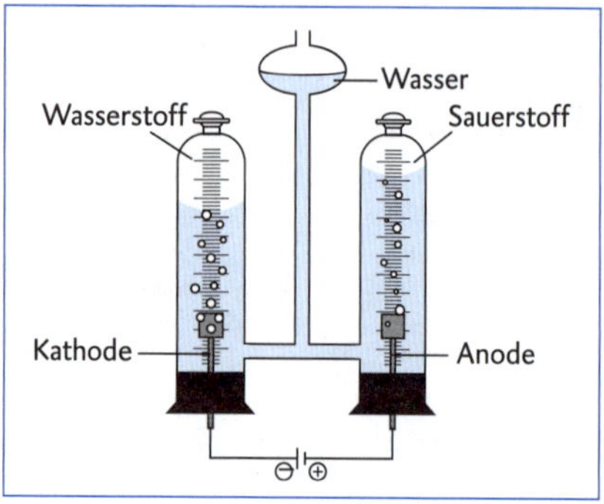

Abb. 35: Hofmann'scher Zersetzungsapparat

Vorgänge im Hofmann'schen Zersetzungsapparat:

$$\ominus \text{ Kathode: } 2\overset{+I}{H_3}O^+ + 2e^- \longrightarrow \overset{0}{H_2} + 2H_2O \quad |\cdot 2$$

$$\oplus \text{ Anode: } 4\overset{-II}{O}H^- \longrightarrow \overset{0}{O_2} + 4e^- + 2H_2O$$

$$\underbrace{4H_3O^+ + 4OH^-}_{8H_2O} \longrightarrow 2H_2 + O_2 + 6H_2O$$

Die bei der Autoprotolyse des Wassers (vgl. S. 52) entstehenden Oxoniumionen (H_3O^+) nehmen an der Kathode Elektronen auf und werden zu Wasserstoffmolekülen reduziert. Die Hydroxidionen (OH^-) geben an der Anode Elektronen ab und werden zu Sauerstoffmolekülen oxidiert.

Technisch bedeutende Elektrolysen

Zu den technisch bedeutenden Elektrolysen zählt die **Chlor-Alkali-Elektrolyse**, bei der sowohl Natronlauge als auch Chlor, zwei wichtige Grundchemikalien der chemischen Industrie, in großem Maßstab erzeugt werden.

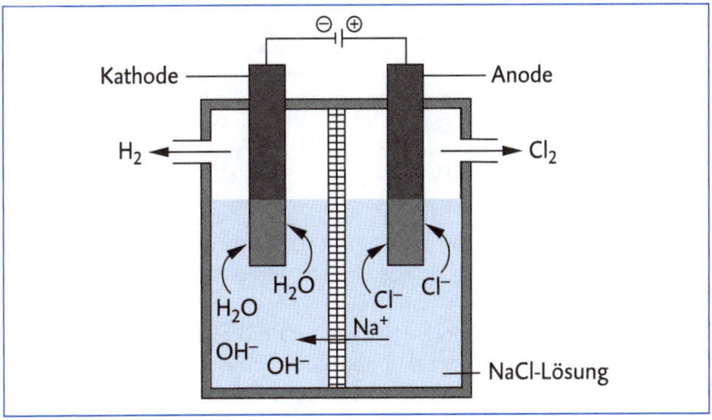

Abb. 36: Chlor-Alkali-Elektrolyse

Vorgänge bei der Chlor-Alkali-Elektrolyse:

$$\ominus \text{ Kathode: } 2\overset{+I}{H_2}O + 2e^- \longrightarrow \overset{0}{H_2} + 2OH^-$$

$$\oplus \text{ Anode: } 2\overset{-I}{Cl}^- \longrightarrow \overset{0}{Cl_2} + 2e^-$$

Eine wässrige Natriumchloridlösung ist die Ausgangssubstanz dieser großtechnischen Elektrolyse. Legt man an die Elektroden eine Spannung an, so wird an der Kathode Wasser zu Wasserstoff reduziert. Die entstehenden Hydroxidionen bilden mit den Na^+-Kationen Natronlauge. An der Anode geben die Cl^--Anionen Elektronen ab und es entsteht Chlorgas. Um zu verhindern, dass es zu einer Chlorknallgasreaktion (Reaktion von Chlor mit Wasserstoff) kommt, müssen Kathoden- und Anodenraum getrennt werden. Beim Diaphragmaverfahren sind die beiden Elektrodenräume daher durch ein Diaphragma getrennt, das lediglich für Na^+-Kationen durchlässig ist.

Aluminium, ein Gebrauchsmetall, das aufgrund seiner geringen Dichte vor allem bei der Luft- und Raumfahrt und der Fahrzeugtechnik eine große Rolle spielt, wird mittels **Schmelzflusselektrolyse** hergestellt. Das Metall wird dabei aus einer Aluminiumoxidschmelze (Al_2O_3) unter hohem Energieverbrauch abgeschieden.

Vorgänge bei der Schmelzflusselektrolyse zur Aluminiumherstellung:

$$\ominus \text{ Kathode: } \overset{+III}{Al}{}^{3+} + 3\,e^- \longrightarrow \overset{0}{Al} \qquad | \cdot 4$$

$$\oplus \text{ Anode: } 2\,\overset{-II}{O}{}^{2-} \longrightarrow \overset{0}{O}_2 + 4\,e^- \qquad | \cdot 3$$

$$\underbrace{4\,Al^{3+} + 6\,O^{2-}}_{2\,Al_2O_3} \longrightarrow 4\,Al + 3\,O_2$$

Der Hochofenprozess

Eisen ist ein unedles Metall und kommt daher in der Natur nur sehr selten gediegen (elementar), sondern meist in Form seiner Erze (Fe_2O_3, Fe_3O_4 etc.) vor.

Die Reduktion von Eisenerzen zu elementarem Eisen mit Koks ist eine der bedeutendsten Redoxreaktionen der chemischen Industrie, da es sich bei Eisen um das weltweit wichtigste Gebrauchsmetall handelt. Diese Redoxreaktion findet in einem ca. 25 m hohen Schachtofen, **dem Hochofen**, statt. Der obere Teil des Hochofens, über den die Rohstoffe eingefüllt werden, wird als **Gicht** bezeichnet. Es folgen der sogenannte **Schacht**, der hohe, schmale und sich nach unten hin ausweitende Bereich des Hochofens, die **Rast**, ein kurzer, sich nach oben ausweitender Abschnitt, und schließlich das zylindrische **Gestell**.

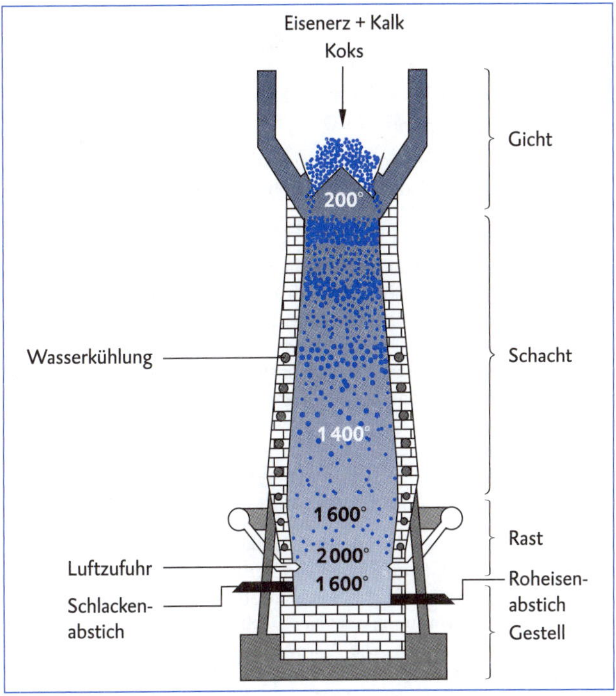

Abb. 37: Aufbau eines Hochofens

Der Hochofen wird abwechselnd mit Koks (Kohlenstoff) und einem Gemisch aus Eisenerz und Kalk befüllt. Durch den zugegebenen Kalk werden die Verunreinigungen der Eisenerze (Mangan, Silicium, Schwefel und Phosphor) als **Schlacke** gebunden und können so abgetrennt werden.

Von unten wird heiße Luft („Wind“) eingeblasen und der Koks verbrennt zu Kohlendioxid.

$$C + O_2 \longrightarrow CO_2$$

Die dabei freigesetzte Wärme sorgt für die hohen Temperaturen, die zum Schmelzen von Eisen und zum Ablaufen der chemischen Reaktionen benötigt werden.
Beim Aufsteigen reagiert Kohlendioxid mit Koks zu Kohlenmonoxid.

$$CO_2 + C \longrightarrow 2\,CO$$

In den darauffolgenden Erzschichten reduziert CO die Eisenerze bis zum Metall und wird dabei selbst zu Kohlendioxid oxidiert.

$$\overset{+II/+III}{Fe_3O_4} + 4\,\overset{+II}{C}O \longrightarrow 3\,\overset{0}{Fe} + 4\,\overset{+IV}{C}O_2$$

Das gebildete schwammartige Eisen nimmt Kohlenstoff auf; es entsteht **Roheisen** mit einem Kohlenstoffgehalt von 4 %, das sich in flüssiger Form im Gestell ansammelt. Die Schlacke schwimmt auf dem flüssigen Roheisen und schützt dieses so vor erneuter Oxidation.
Aufgrund des hohen Gehalts an Kohlenstoff und anderen Elementen ist das Roheisen sehr spröde und wird größtenteils zu Stahl weiterverarbeitet.

Als **Stahl** werden **Eisenlegierungen** bezeichnet, deren Kohlenstoffgehalt geringer als 2,1 % ist.

Im **Sauerstoffblasverfahren** wird das flüssige Roheisen mit Eisenschrott und mit Kalk (zum Binden von Verunreinigungen) versetzt und in einem birnenförmigen Gefäß mit Sauerstoff aufgeblasen. Kohlenstoff wird dabei zu Kohlenmonoxid oxidiert, wobei der Kohlenstoffgehalt auf weniger als 2,1 % sinkt. Die Verunreinigungen (Mangan, Silicium, Schwefel und Phosphor) werden ebenfalls oxidiert und durch den Kalkzusatz in Form von Schlacke gebunden.

3 Der Verlauf chemischer Reaktionen

3.1 Reaktionsgeschwindigkeit

Entzündet man Schwarzpulver, ein Gemisch aus fein verteiltem Kaliumnitrat, Schwefel und Holzkohle, mit einem brennenden Holzspan, so kommt es zu einer Verbrennung, die sehr rasch und heftig verläuft und Temperaturen bis zu 2 000 °C liefert. Auch die Knallgasreaktion zwischen Wasserstoff und Sauerstoff ist eine äußerst schnelle Reaktion. Im Gegensatz dazu kann die Bildung von Rost auf Eisenwerkstücken Wochen, Monate oder gar Jahre dauern. Chemische Reaktionen können also offensichtlich mit ganz unterschiedlichen Geschwindigkeiten ablaufen.

Die **Reaktionsgeschwindigkeit** beschreibt den zeitlichen Verlauf einer chemischen Reaktion.

Die Reaktionsgeschwindigkeit einer chemischen Reaktion ergibt sich aus der Änderung bestimmter messbarer Größen (Volumen, Druck, Konzentration) pro Zeiteinheit. Entstehen etwa bei einer Reaktion aus festen und flüssigen Ausgangsstoffen **(Edukten)** gasförmige Endstoffe **(Produkte)**, so kann die in einer bestimmten Zeiteinheit gemessene Volumenänderung zur Bestimmung der Reaktionsgeschwindigkeit herangezogen werden.

3.2 Energetische Umsetzung bei chemischen Reaktionen

Die Energieversorgung vieler Haushalte wird mithilfe von Erdgas gedeckt. Dabei wird Methan mit Luftsauerstoff verbrannt und die freigesetzte Reaktionswärme kann zum Heizen genutzt werden.

$$CH_4 + 2\,O_2 \longrightarrow CO_2 + 2\,H_2O + \textbf{Wärme}$$

Bei der betrachteten Reaktion kommt es also nicht nur zu einer stofflichen, sondern gleichzeitig auch zu einer energetischen Umsetzung der Ausgangsstoffe.

Alle chemischen Reaktionen laufen unter **Umwandlung von Energie** ab.

Die Beteiligung von Energie an chemischen Reaktionen ist darauf zurückzuführen, dass im Verlauf einer Reaktion die Bindungen in den Edukten aufgebrochen werden und gleichzeitig in den Produkten neue

Bindungen entstehen. Während für das Spalten von Bindungen Energie aufgewendet werden muss, wird beim Knüpfen neuer Bindungen stets Energie frei.
Nach der Art der Energiebeteiligung unterscheidet man zwei Reaktionstypen, **exotherme** und **endotherme** Reaktionen.

- **Exotherme** Reaktionen verlaufen unter **Energieabgabe**. Die Edukte sind energiereicher als die Produkte, d. h., in den Edukten ist mehr **chemische Energie** gespeichert als in den Produkten.
- **Endotherme** Reaktionen verlaufen unter **Energieaufnahme**. Die Edukte sind energieärmer als die Produkte, d. h., in den Edukten ist weniger **chemische Energie** gespeichert als in den Produkten.

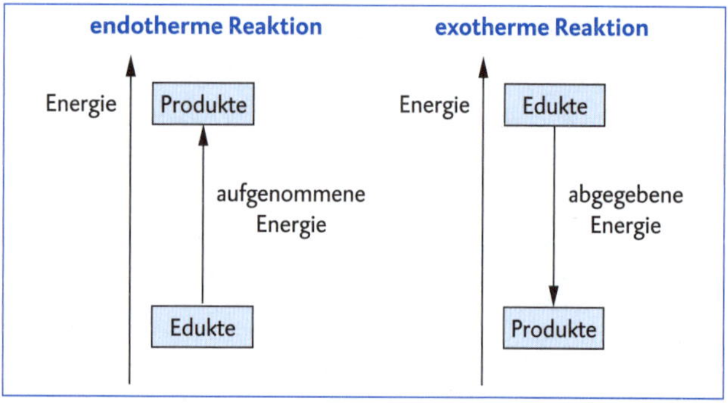

Abb. 38: schematische Darstellung einer endothermen und einer exothermen Reaktion

Auch die meisten exothermen Reaktionen, wie z. B. die Knallgasreaktion (Reaktion von Wasserstoff mit Sauerstoff zu Wasser), sind zunächst gehemmt und können erst durch Zufuhr der sogenannten **Aktivierungsenergie** in Gang gesetzt werden. Nach der Aktivierung läuft die Reaktion dann freiwillig und vollständig ab.

Die **Aktivierungsenergie** ist die Energie, die zum Auslösen einer chemischen Reaktion benötigt wird.

Die Teilchen der Edukte werden durch Zufuhr der Aktivierungsenergie (z. B. durch Erhitzen) in einen reaktionsbereiten Zustand versetzt, in dem es zu **wirksamen Zusammenstößen** zwischen den Teilchen kommt. Die wirksamen Zusammenstöße zwischen den Teilchen sind eine wichtige Voraussetzung für eine erfolgreiche Reaktion.

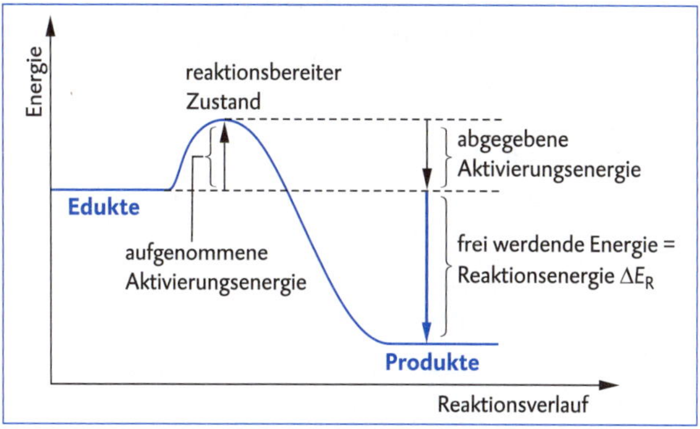

Abb. 39: Energiediagramm einer exothermen Reaktion

Auch bei endothermen Reaktionen muss zunächst Aktivierungsenergie aufgewendet werden, damit die Reaktion abläuft. Anders als bei exothermen Reaktionen muss hier aber während der gesamten Reaktion Energie zugeführt werden.

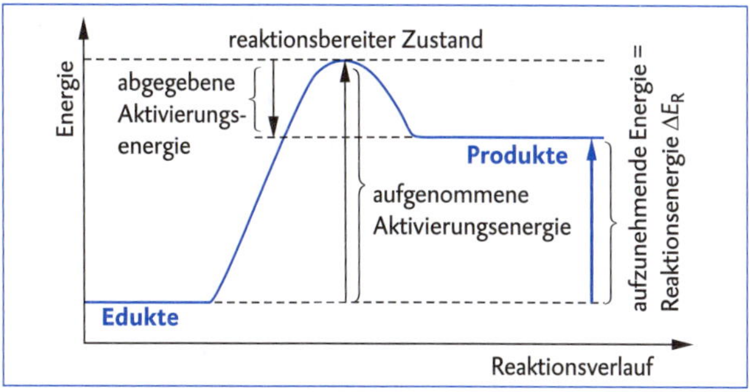

Abb. 40: Energiediagramm einer endothermen Reaktion

Die Energie, die bei exothermen Reaktionen freigesetzt wird bzw. bei endothermen Reaktionen aufgenommen werden muss, ergibt sich aus der Differenz der chemischen Energien der Produkte und Edukte und wird als **Reaktionsenergie ΔE_R** bezeichnet. Bei exothermen Reaktionen (die chemische Energie der Edukte ist höher als die chemische Energie der Produkte) erhält die Reaktionsenergie ein negatives Vorzeichen ($\Delta E_R < 0$), bei endothermen Reaktionen (die chemische Energie der Edukte ist niedriger als die chemische Energie der Produkte) ein positives Vorzeichen ($\Delta E_R > 0$).

3.3 Katalysatoren

Manche Reaktionen laufen auch bei extrem hohen Temperaturen nur sehr langsam, also mit geringer Reaktionsgeschwindigkeit ab. Oft können solch hohe Temperaturen auch nicht verwirklicht werden, weil die Edukte sich sonst zersetzen würden. In diesen Fällen empfiehlt sich der Einsatz eines **Katalysators**.

Katalysatoren setzen die Aktivierungsenergie einer chemischen Reaktion herab.

Durch die Herabsetzung der Aktivierungsenergie erhöht sich die Anzahl der Teilchen, die sich im reaktionsbereiten Zustand befinden. Die Reaktion kann daher in Gegenwart von Katalysatoren auch bei niedrigeren Temperaturen ablaufen. Katalysatoren liegen nach der Reaktion unverändert vor, werden also nicht verbraucht.

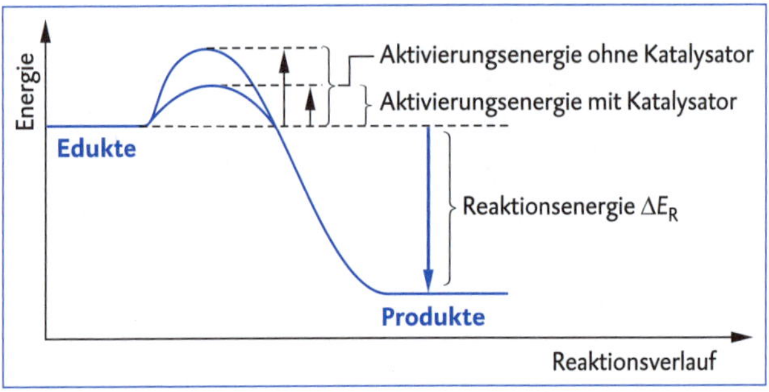

Abb. 41: Energiediagramm einer exothermen Reaktion mit und ohne Katalysator

Organische Chemie

1 Kohlenwasserstoffe

Kohlenwasserstoffe enthalten ausschließlich Kohlenstoff- und Wasserstoffatome. Sind die Kohlenstoffatome nur über Einfachbindungen miteinander verknüpft, so handelt es sich um **gesättigte Kohlenwasserstoffe (Alkane)**. Existieren in den Verbindungen auch Doppel- oder Dreifachbindungen, spricht man von **ungesättigten Kohlenwasserstoffen (Alkene, Alkine)**.
Erdöl ist ein Stoffgemisch aus vielen verschiedenen Kohlenwasserstoffen und ist im Verlauf der Erdgeschichte aus Ablagerungen abgestorbener Organismen entstanden. Bei Abwesenheit von Sauerstoff wurde die organische Materie von Mikroorganismen, Wärme und Druck in unterschiedliche Kohlenwasserstoffe (reduzierte Kohlenstoffverbindungen) und Kohlenstoffdioxid (oxidierte Kohlenstoffverbindung) umgewandelt.

Beispiel

Bei der Methangärung entsteht der einfachste Kohlenwasserstoff, das **Methan**, aus Glucose. Methan ist der Hauptbestandteil von Erdgas.

$$C_6H_{12}O_6 \longrightarrow 3\,CH_4 + 3\,CO_2$$

1.1 Alkane

In diesen gesättigten Kohlenwasserstoffen sind die Kohlenstoffatome vierbindig und über Einfachbindungen miteinander verbunden. Die restlichen Bindungen bilden die Kohlenstoffatome ausschließlich zu Wasserstoffatomen aus.

Allgemeine Summenformel der **Alkane**: C_nH_{2n+2}

Eine Gruppe von Verbindungen, denen eine allgemeine Summenformel zugeordnet werden kann, bezeichnet man als **homologe Reihe**. Tabelle 7 enthält die ersten zehn Vertreter der homologen Reihe der Alkane. Der Name der Alkane setzt sich ab Pentan aus der Anzahl ihrer Kohlenstoffatome und der Endung **-an** zusammen.

Name	Summenformel	Name	Summenformel
Methan	CH_4	Hexan	C_6H_{14}
Ethan	C_2H_6	Heptan	C_7H_{16}
Propan	C_3H_8	Oktan	C_8H_{18}
Butan	C_4H_{10}	Nonan	C_9H_{20}
Pentan	C_5H_{12}	Dekan	$C_{10}H_{22}$

Tab. 7: homologe Reihe der Alkane

Der räumliche Bau

Nach dem **Elektronenpaarabstoßungsmodell** (VSEPR: **V**alence **S**hell **E**lectron **P**air **R**epulsion, vgl. S. 40) ordnen sich die vier bindenden Elektronenpaare so im Raum um das jeweilige Kohlenstoffatom an, dass sie den größtmöglichen Abstand zueinander haben. Dabei ergibt sich eine Anordnung, bei der die bindenden Elektronenpaare in die Ecken eines Tetraeders zeigen; **alle HCH-Bindungswinkel** betragen 109,5°.
Zur Vereinfachung wird diese räumliche Struktur beim Zeichnen in die Ebene projiziert. Es ergibt sich die **Strukturformel nach Lewis**. Die HCH-Bindungwinkel in der Lewis-Strukturformel entsprechen **nicht** den tatsächlichen Verhältnissen.

Beispiel Das C-Atom des Methanmoleküls befindet sich im Zentrum, die vier H-Atome an den Ecken eines Tetraeders.

Verschiedene Darstellungsmöglichkeiten des Methanmoleküls:

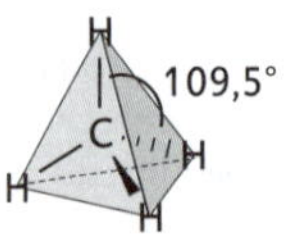

Räumliche Tetraeder-Darstellung

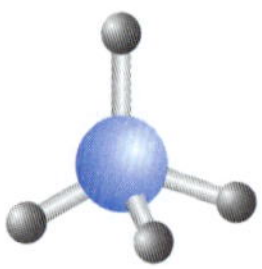

Räumliches Kugel-Stab-Modell

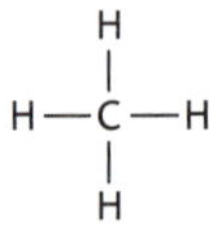

Darstellung in der Zeichenebene (Lewis-Strukturformel)

Isomerie

Besitzen Alkane mehr als drei C-Atome, kann zu der jeweiligen Summenformel auch mehr als nur eine Strukturformel formuliert werden.

> Moleküle, die bei gleicher Summenformel unterschiedliche Strukturformeln besitzen, heißen **Isomere**.

Man spricht von **Konstitutionsisomeren**, wenn sich die Isomere in der Verknüpfung der einzelnen Atome unterscheiden.

Beispiel

Von Butan (C_4H_{10}) existieren zwei Konstitutionsisomere, ein unverzweigtes und ein verzweigtes Molekül:

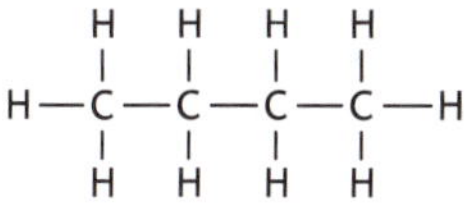

n-Butan

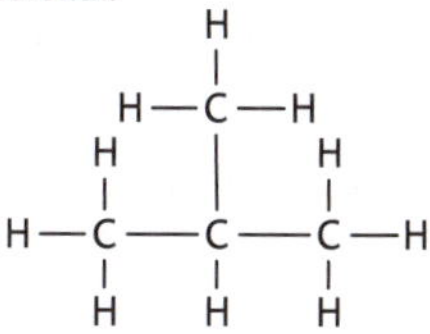

iso-Butan

Alle unverzweigten Alkane heißen **n-Alkane**, die verzweigten Moleküle nennt man **iso-Alkane**.
n-Butan und iso-Butan besitzen unterschiedliche physikalische und chemische Eigenschaften. Besonders groß ist der Unterschied bei den Siedetemperaturen der beiden Verbindungen. Zwischen den linearen n-Butanmolekülen können sich stärkere zwischenmolekulare Wechselwirkungen, sogenannte **Van-der-Waals-Kräfte** (vgl. S. 42 f.) ausbilden als zwischen den eher kugelförmigen iso-Butanmolekülen.

> Je größer die **Berührungsflächen** zwischen den Molekülen einer Verbindung, umso größer die **zwischenmolekularen Kräfte**.

Die Siedetemperatur von n-Butan ist folglich höher als die Siedetemperatur von iso-Butan.

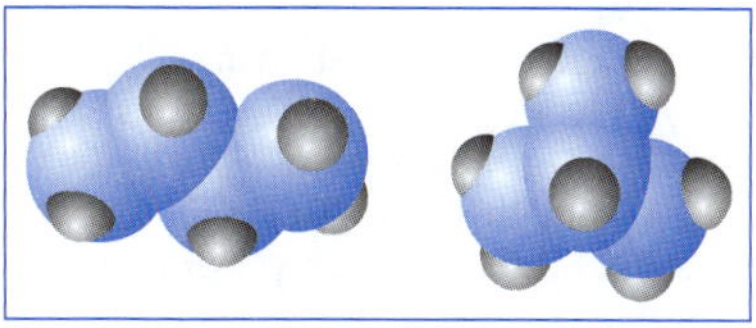

Abb. 42: Kalottenmodell von n-Butan (links) und dem eher kugelförmigen iso-Butan (rechts)

Benennung der Alkane

Je größer ein Alkan ist, also je mehr Kohlenstoffatome an seinem Aufbau beteiligt sind, umso mehr Konstitutionsisomere gibt es. Um diese Vielfalt an Verbindungen eindeutig zu benennen, wurden entsprechende Regeln aufgestellt, die **IUPAC-Nomenklaturregeln** (**I**nternational **U**nion of **P**ure and **A**pplied **C**hemistry).

IUPAC-Nomenklatur der Alkane

1. Die **längste** durchgehende Kohlenstoffkette entspricht dem **Stammalkan**. Dieses Stammalkan legt den letzten Teil des Namens fest. (Beispiel: **-butan**)
2. Das Stammalkan wird so durchnummeriert, dass die **Verzweigungen** im Molekül möglichst kleine Zahlen erhalten. Diese Zahlen werden den Namen der Seitenreste vorangestellt. Der Name eines Seitenrestes ergibt sich aus der Anzahl der C-Atome, aus denen er sich aufbaut, und der Endung **-yl**. (Beispiel: **Methyl-**)
3. Sind in einem Alkan **mehrere identische Seitenreste** vorhanden, so steht das griechische Zahlwort (di-, tri-, tetra-, penta-, hexa- usw.) als Vorsilbe vor der Bezeichnung des Seitenrests. (Beispiel: **Tri**methyl-)
4. Sind in einem Alkan **mehrere verschiedene Seitenreste** vorhanden, so werden diese in alphabetischer Reihenfolge geordnet. Bei der alphabetischen Auflistung bleiben die griechischen Vorsilben unberücksichtigt. (Beispiel: Di**e**thyl-, Di**m**ethyl-, Di**p**ropyl-)

Beispiel

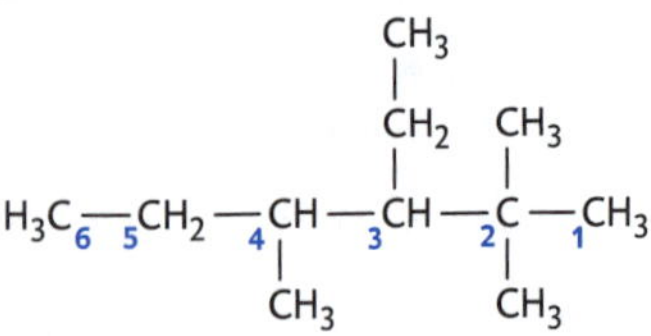

1. Die längste Kohlenstoffkette besteht aus 6 C-Atomen. Stammalkan: **-hexan**
2. Seitengruppen: **2,2,4-Methyl-3-ethyl**hexan
3. identische Seitenreste: 2,2,4-**Tri**methyl-3-ethylhexan
4. alphabetische Reihenfolge: 3-**E**thyl-2,2,4-Tri**m**ethylhexan

Neben der Strukturformel nach Lewis und der **Halbstrukturformel** gibt es auch eine andere Darstellungsform, die vor allem in der wissenschaftlichen Literatur sehr gebräuchlich ist. Bei dieser Kurzschreibweise entsprechen die Enden der Bindungsstriche den C-Atomen und den H-Atomen, die an diesen C-Atomen gebunden sind.

Beispiel

Halbstrukturformel: $H_3C-CH_2-CH_2-CH_3$

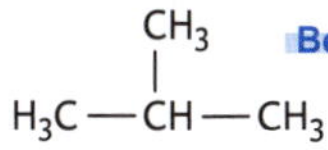

Kurzschreibweise:

n-Butan

2-Methylpropan
(iso-Butan)

Eigenschaften der Alkane

Name	Summenformel	Schmelztemperatur	Siedetemperatur
Methan	CH_4	–182 °C	–161 °C
Ethan	C_2H_6	–183 °C	–89 °C
Propan	C_3H_8	–189,7 °C	–42 °C
Butan	C_4H_{10}	–135 °C	–0,5 °C
Pentan	C_5H_{12}	–130 °C	+36 °C
Hexan	C_6H_{14}	–95 °C	+69 °C
Heptan	C_7H_{16}	–91 °C	+98 °C
Oktan	C_8H_{18}	–57 °C	+126 °C
Nonan	C_9H_{20}	–54 °C	+151 °C
Dekan	$C_{10}H_{22}$	–30 °C	+174 °C

Tab. 8: Schmelz- und Siedetemperaturen der n-Alkane

Wie man anhand der Werte aus Tabelle 8 erkennen kann, sind die Alkane bis Butan bei Raumtemperatur **gasförmig**. Zwischen den Molekülen dieser Verbindungen werden nur schwache Van-der-Waals-Kräfte ausgebildet, die bereits bei niedrigen Temperaturen überwunden werden können. Mit steigender Kettenlänge nehmen die **Schmelz- und Siedepunkte** der n-Alkane zu.

Je **größer** die Oberfläche der Moleküle, umso **stärker** sind die zwischenmolekularen **Van-der-Waals-Kräfte**.

Bei den C–C-Bindungen bzw. den C–H-Bindungen handelt es sich um unpolare bzw. nur schwach polare Bindungen. Aufgrund der **symmetrischen** Verteilung der schwach positiv polarisierten H-Atome (EN = 2,1) um das negativ polarisierte C-Atom (EN = 2,5) existiert in den Molekülen **kein permanentes Dipolmoment** (vgl. S. 41 f.). Im Gegensatz zum Wassermolekül sind Alkanmoleküle daher **unpolar**. Alkane lassen sich also weder mit dem polaren Wasser mischen, noch lösen sie sich darin. Alkane sind **hydrophob** („wasserabweisend"). Das Gegenteil von hydrophob ist **hydrophil** („wasserliebend"). Moleküle mit einer polaren Struktur bzw. einem ausreichend großen polaren Molekülteil sind hydrophil.

Gleiches löst sich in Gleichem.
Polare Moleküle lösen sich in **polaren** Lösungsmitteln, **unpolare** Moleküle lösen sich in **unpolaren** Lösungsmitteln.

Obwohl Alkanmoleküle keine permanenten Dipole sind, kann es in den Molekülen dennoch durch Elektronenbewegung zu einer ungleichen Elektronenverteilung kommen. Das Molekül bildet kurzzeitig einen Dipol **(temporärer Dipol)**, der wiederum die Elektronenverteilung im benachbarten Molekül beeinflusst. Zwischen diesen kurzzeitig polarisierten Molekülen kommt es zu elektrostatischer Anziehung. Die elektrostatische Anziehung temporärer Dipole ist die molekulare Grundlage der **Van-der-Waals-Kräfte**.

Typische Reaktion der Alkane

Alkane sind sehr **reaktionsträge**. Es sind reaktionsfreudige Stoffe (z. B. Halogene oder Sauerstoff) und eine hohe Aktivierungsenergie notwendig, um sie zur Reaktion zu bringen.
Die Reaktion der Alkane mit Sauerstoff (Verbrennung) findet in Motoren, Heizanlagen und Kraftwerken statt und liefert unter **Energiefreisetzung** die Reaktionsprodukte Kohlenstoffdioxid und Wasser.

Beispiel

Verbrennung von Methan (Hauptbestandteil von Erdgas)

$$CH_4 + 2\,O_2 \longrightarrow CO_2 + 2\,H_2O$$

Eine weitere technisch bedeutende Reaktion ist die Halogenierung der Alkane.

Beispiel

$$CH_4 + Br_2 \xrightarrow{\text{UV-Licht}} CH_3Br + HBr$$

Bei der Bromierung von Methan entstehen Brommethan und Wasserstoffbromid (HBr). Die Reaktion wird durch energiereiches kurzwelliges Licht (UV-Licht) in Gang gesetzt. Da im Brommethan gegenüber dem Methan ein Wasserstoffatom gegen ein Bromatom ausgetauscht (substituiert) wurde, nennt man diese Reaktion **Substitution**. Genauer gesagt handelt es sich bei der Halogenierung der Alkane um eine **radikalische Substitution**. Um dies verstehen zu können, muss man den zugrunde liegenden **Reaktionsmechanismus** betrachten, der Informationen über die einzelnen Reaktionsschritte liefert.

Reaktionsmechanismus der radikalischen Substitution

(1) Startreaktion:

$$Br{-}Br \xrightarrow{\text{UV-Licht}} 2\,Br\cdot$$

(2) Kettenreaktion:

$$CH_4 + Br\cdot \longrightarrow H_3C\cdot + HBr$$

$$H_3C\cdot + Br_2 \longrightarrow H_3C{-}Br + Br\cdot$$

(3) mögliche Abbruchreaktion:

$$H_3C\cdot + Br\cdot \longrightarrow H_3C{-}Br$$

In einer **Startreaktion (1)** wird das Brommolekül unter dem Einfluss kurzwelligen UV-Lichts homolytisch gespalten. Es entstehen zwei sehr reaktive Bromatome, sogenannte Bromradikale, mit jeweils einem ungepaarten Elektron.

Atome mit ungepaarten Elektronen sind äußerst **reaktiv** und werden als **Radikale** bezeichnet.

Das Bromradikal greift ein Methanmolekül an und entreißt ihm ein Wasserstoffatom. Es entstehen Wasserstoffbromid und ein Methylradikal. Das Methylradikal greift nun ein Brommolekül an, wobei Brommethan und ein Bromradikal gebildet werden. Diese beiden Schritte der **Kettenreaktion (2)** laufen im weiteren Reaktionsverlauf immer wieder nacheinander ab. Zum **Abbruch der Kettenreaktion (3)** kommt es, wenn keine Radikale mehr zur Verfügung stehen, etwa durch Rekombination eines Methyl- und eines Bromradikals.

Halogenalkane

In Halogenalkanen ist mindestens ein Wasserstoffatom gegen ein Halogenatom ausgetauscht. Zur Benennung der Halogenalkane werden die Halogensubstituenten in alphabetischer Reihenfolge und unter Verwendung der entsprechenden Zählsilben aufgelistet.

Beispiel

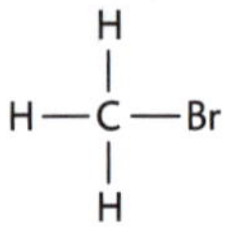

Brommethan

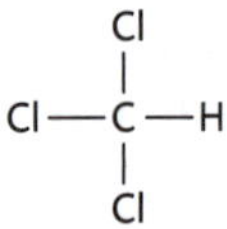

Trichlormethan

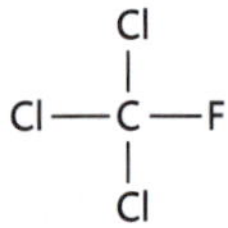

Trichlorfluormethan

Im Gegensatz zu den Alkanen handelt es sich bei Halogenalkanen, wie z. B. Brommethan, um permanente Dipole, bei denen das Halogenatom negativ und das Kohlenstoffatom, an dem es gebunden ist, positiv polarisiert ist.

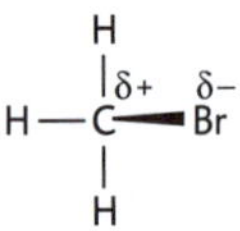

Die typische Reaktion der Halogenalkane ist die **nukleophile Substitution**, bei der nukleophile Teilchen (z. B. Hydroxidionen), die meist negativ geladen sind, ein positiv geladenes oder positiv polarisiertes Zentrum angreifen. Im Verlauf des Reaktionsmechanismus entstehen – anders als bei der radikalischen Substitution – keine Radikale.

Reaktionsmechanismus der nukleophilen Substitution

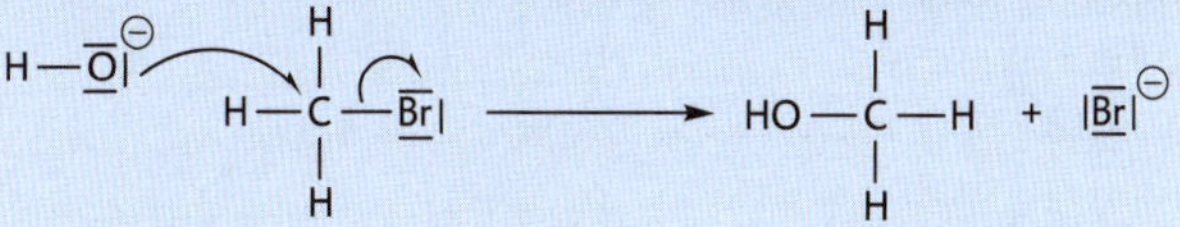

Bei der Reaktion von Hydroxidionen mit Halogenalkanen entstehen Alkanole (vgl. S. 94).
Halogenalkane finden Verwendung als Treibgase, Kältemittel, Feuerlöschsubstanzen und Narkosemittel. Mittlerweile ist der Einsatz der leicht flüchtigen Fluorchlorkohlenwasserstoffe **(FCKW)** (laut IUPAC: Chlorfluorkohlenwasserstoffe, CFKW) verboten, da sie für die Zerstörung der Ozonschicht mitverantwortlich sind.

Dichlordifluormethan wurde früher als Treibgas für Sprühdosen verwendet. **Beispiel**

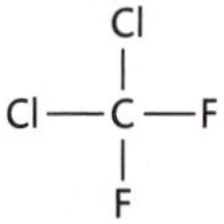

1.2 Alkene

Alkene zählen zu den ungesättigten Kohlenwasserstoffen und besitzen mindestens eine C–C-Doppelbindung. Ihr einfachster Vertreter ist das Ethen C_2H_4:

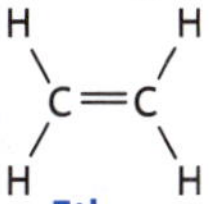

Ethen

Allgemeine Summenformel für **Alkene** mit einer Doppelbindung: C_nH_{2n}

Der Name der Alkene ergibt sich aus dem Kohlenwasserstoffrest und der Endung **-en**. Bei den höheren Alkenen wird die Ziffer des Kohlenstoffatoms, an dem die Doppelbindung beginnt, vor die Endung -en gesetzt.

$H_2C{=}CH{-}CH_2{-}CH_3$ **But-1-en** $\quad$ $H_3C{-}CH{=}CH{-}CH_3$ **But-2-en** **Beispiel**

Die Alkene können aus den entsprechenden Alkanolen (vgl. S. 94) durch Abspaltung von Wasser gewonnen werden.

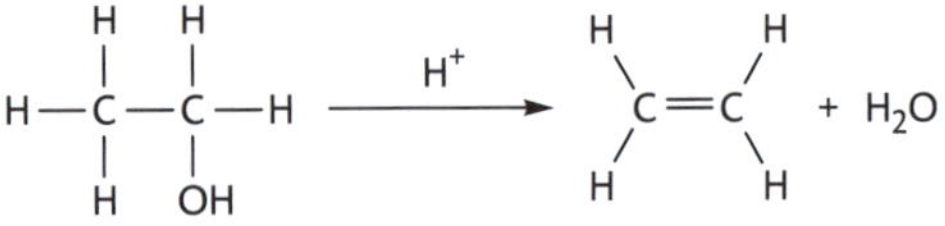

Der räumliche Bau

Das Ethenmolekül ist **planar**, d. h., die C- und H-Atome liegen in einer Ebene. Alle Bindungswinkel betragen 120°. Dies ist auf das Elektronenpaarabstoßungsmodell zurückzuführen, nach dem sich die Elektronenpaare so um die C-Atome anordnen, dass sie den maximal möglichen Abstand zueinander haben.

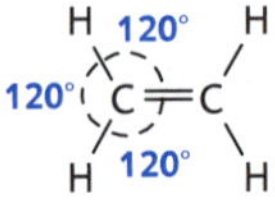

E/Z-Isomerie

Aufgrund der Doppelbindung ist freie Drehbarkeit um die C–C-Achse nicht mehr möglich und die Lage der Substituenten an der Doppelbindung ist folglich festgelegt. Bei Alkenen muss somit neben der Konstitutionsisomerie (vgl. S. 79) auch eine weitere Form der Isomerie berücksichtigt werden, die **E/Z-Isomerie**.

Beispiel

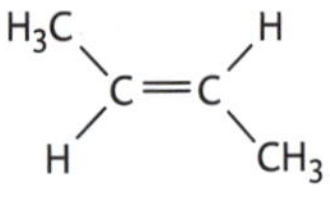

(E)-But-2-en

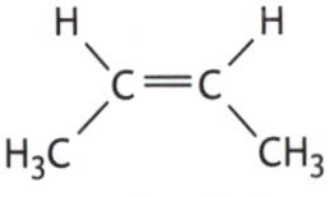

(Z)-But-2-en

(E)- und (Z)-But-2-en unterscheiden sich in der räumlichen Anordnung der Substituenten an der Doppelbindung. Befinden sich im But-2-en beide Methylgruppen auf der gleichen Seite der Doppelbindung, so liegt das (Z)-Isomer (Z für zusammen) vor, befinden sie sich auf gegenüberliegenden Seiten, liegt das (E)-Isomer (E für entgegen) vor.

E/Z-Isomerie tritt dann auf, wenn sich an beiden C-Atomen der Doppelbindung zwei unterschiedliche Atome oder Atomgruppen befinden. Von But-1-en existieren also keine E/Z-Isomere.

Isomere Alkene können sich unterscheiden:

- in der Lage ihrer Doppelbindung (But-1-en, But-2-en)
- in der Art der Verknüpfung ihrer C-Atome (Buten, Methylpropen)
- in der räumlichen Anordnung der Atome oder Atomgruppen an der Doppelbindung ((Z)-But-2-en, (E)-But-2-en)

Benennung der Alkene

Der nachfolgende Kasten fasst die Nomenklaturregeln zur Benennung der Alkene nochmals zusammen.

IUPAC-Nomenklatur der Alkene

1. Der Name der Alkene setzt sich aus dem Namen des Stammalkans und der **Endsilbe -en** zusammen.
2. Zur Kennzeichnung der **Lage der Doppelbindung** wird die Hauptkette so durchnummeriert, dass die Ziffer des C-Atoms, an dem sich die Doppelbindung befindet, möglichst klein ist.
3. Diese Ziffer wird der Endung -en vorangestellt.
4. **(Z)-** und **(E)-** kennzeichnen die räumliche Anordnung der Substituenten an der Doppelbindung.
5. Sind **mehrere Doppelbindungen** im Molekül vorhanden, so werden die entsprechenden griechischen Zahlenwörter verwendet (di-, tri- usw.).
6. **Seitenketten** im Molekül werden in gewohnter Weise benannt und ihre Verzweigungsstellen angegeben.

Beispiel

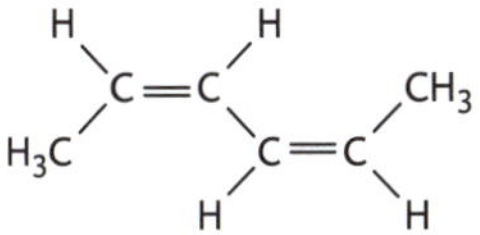

(Z, Z)-Hexa-2,4-dien

Treten in einem Molekül abwechselnd Einfach- und Doppelbindungen auf, spricht man von **konjugierten Doppelbindungen**.

Typische Reaktion der Alkene

Alkene sind reaktiver als Alkane. Die Reaktion von Alkanen mit elementarem Brom oder Bromwasser (wässrige Lösung von Brom) ist langsam und muss mithilfe von Licht aktiviert werden. Alkene reagieren hingegen auch bei Abwesenheit von Licht spontan mit Bromwasser. Es kommt dabei zur Entfärbung des Bromwassers, weshalb diese Reaktion auch ein Nachweis für Alkene ist.

Beispiel

$$H_2C{=}CH_2 + Br_2 \longrightarrow BrH_2C{-}CH_2Br$$

Da das Brom im Verlauf der Reaktion an die **elektronenreiche** Doppelbindung des Alkens addiert, wird diese Reaktion als **elektrophile Addition** bezeichnet.

Reaktionsmechanismus der elektrophilen Addition

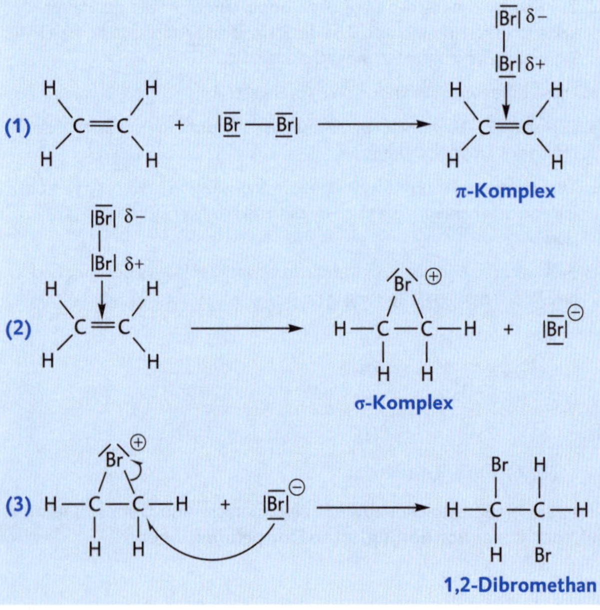

(1): Das Brommolekül wechselwirkt mit der elektronenreichen Doppelbindung des Ethens und wird dabei polarisiert; es bildet sich ein **π-Komplex** aus.
(2): Das polarisierte Brommolekül wird heterolytisch gespalten, wobei das Bromkation an das C-Gerüst unter Ausbildung eines cyclischen **σ-Komplexes** bindet.
(3): In einem abschließenden Reaktionsschritt wird der σ-Komplex von dem Bromidanion nukleophil von der Rückseite angegriffen.

1.3 Alkine

Alkine sind Kohlenwasserstoffe mit mindestens einer C–C-Dreifachbindung. Ihr einfachster Vertreter ist das Ethin C_2H_2 (Trivialname: Acetylen):

$$H{-}C{\equiv}C{-}H$$

Ethin

Die Herstellung von Ethin erfolgt durch Hydrolyse von Calciumcarbid (CaC_2), das wiederum durch Reaktion von Calciumoxid und Kohlenstoff bei 2000 °C gewonnen wird.

$$CaO + 3\,C \xrightarrow{2\,000\,°C} CaC_2 + CO$$

$$CaC_2 + 2\,H_2O \longrightarrow C_2H_2 + Ca(OH)_2$$

Ethin wird beim Schweißen verwendet, da die Reaktion mit Sauerstoff hohe Temperaturen liefert.

Allgemeine Summenformel für **Alkine** mit einer Dreifachbindung:
C_nH_{2n-2}

Der Name der Alkine ergibt sich aus dem Kohlenwasserstoffrest und der Endung **-in**. Des Weiteren gelten für die Benennung der Alkine dieselben Regeln wie für die Alkene (vgl. S. 87).

Der räumliche Bau

Im Ethinmolekül sind alle vier Atome **linear** angeordnet. Die Bindungswinkel betragen 180°, da sich alle Elektronenpaare so um die C-Atome anordnen, dass sie den größtmöglichen Abstand zueinander haben.

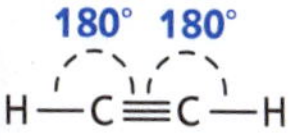

Die Reaktionen der Alkine

Die Reaktionen der Alkine ähneln denen der Alkene. So reagiert Ethin mit Brom ebenfalls in Form einer **elektrophilen Additionsreaktion**, die allerdings etwas langsamer verläuft als bei Ethen. Dabei entsteht zunächst ein Gemisch aus dem Z- und dem E-Isomer des Dibromethens:

$$C_2H_2 + Br_2 \longrightarrow C_2H_2Br_2$$

Die Reaktion läuft weiter bis zum 1,1,2,2-Tetrabromethan:

$$C_2H_2Br_2 + Br_2 \longrightarrow C_2H_2Br_4$$

1.4 Cyclische Alkane

Cyclische Kohlenwasserstoffe bestehen aus **ringförmigen** Molekülen, die aus Kohlenstoff- und Wasserstoffatomen aufgebaut sind.

> Allgemeine Summenformel der Cycloalkane: $\mathbf{C_nH_{2n}}$

Da bei den cyclischen Alkanen Cyclopropan und Cyclobutan die für offenkettige Alkane typischen Bindungswinkel von 109,5° nicht verwirklicht werden können, weisen diese Moleküle eine **hohe Ringspannung** auf. Erst bei cyclischen Alkanen, die aus 5 oder 6 C-Atomen aufgebaut sind, kann der günstige Tetraederwinkel ausgebildet werden. Cyclopentan und Cyclohexan sind also **keine** planaren Ringsysteme.

Beispiel Sesselform des Cyclohexanmoleküls:

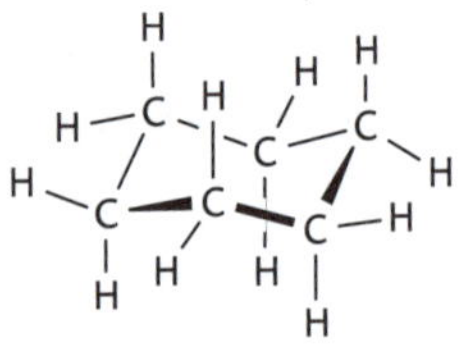

1.5 Petrochemie

Technische Gewinnung von Alkanen, Alkenen und Cycloalkanen

Ungereinigtes Erdöl, sogenanntes **Rohöl**, wird in einer Raffinerie aufbereitet. Die verschiedenen Kohlenwasserstoffe, die im Erdöl enthalten sind, besitzen unterschiedliche Siedetemperaturen. Daher wird bei der **fraktionierten Destillation** eine Trennung nach definierten Siedebereichen vorgenommen. Das Rohöl wird dazu im Röhrenofen (siehe Abb. 44) auf 400 °C erhitzt und in den 50 m hohen Destillationsturm eingeleitet, der in verschiedene Temperaturbereiche unterteilt ist. Im oberen Bereich des Destillationsturms werden verschiedene Gase (Methan, Ethan, Propan und Butan) abgetrennt, die als Heizgase Verwendung finden.

Abb. 43: Raffinerie

Die längerkettigen Kohlenwasserstoffe fallen aufgrund ihrer höheren Siedetemperaturen in den darunterliegenden Regionen an. Benzin, Kerosin und Diesel kommen als Kraftstoffe zum Einsatz. Am Boden des Destillationsturms sammelt sich der **hoch siedende Rückstand**. Die darin enthaltenen Verbindungen können unter Normaldruck nicht ohne Zersetzung in den gasförmigen Zustand überführt werden. Der Rückstand wird daher einer **Vakuumdestillation** unterworfen. Im Vakuum sinken die Siedetemperaturen, sodass die Stoffe bei niedrigeren Temperaturen und daher ohne Zersetzung verdampft werden können. Der bei der Vakuumdestillation anfallende unlösliche Rückstand **Bitumen** dient der Teer- und Farbenherstellung.

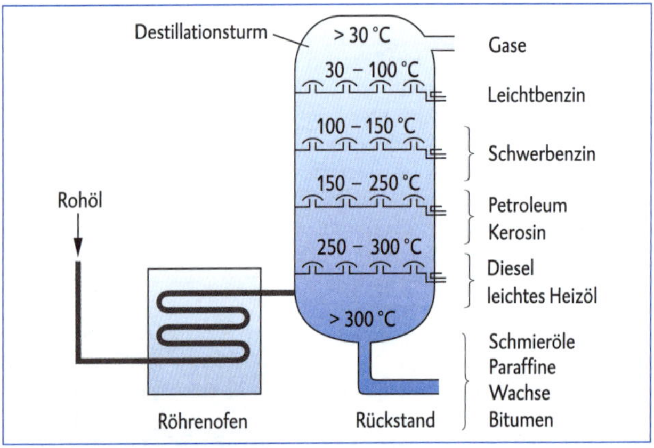

Abb. 44: fraktionierte Erdöldestillation unter Normaldruck

Katalytisches Cracken

Eine andere Möglichkeit, mit dem Rückstand der Erdöldestillation unter Normaldruck zu verfahren, ist das **Cracken**. Da der Anteil der niedrig siedenden Fraktionen nicht ausreicht, um den Bedarf an diesen Stoffen zu decken, müssen zusätzlich die höher siedenden, langkettigen Kohlenwasserstoffe in kurzkettige Verbindungen gespalten werden.
In einem Reaktor werden bei 650 °C mithilfe eines **Katalysators** (Zeolith-Perlen) Schweröldämpfe gespalten. Neben den kurzkettigen Kohlenwasserstoffen entstehen Ruß (elementarer Kohlenstoff), verzweigte Kohlenwasserstoffe, ungesättigte Kohlenwasserstoffe und Wasserstoff. Da sich der Ruß auf dem Katalysator absetzt und ihn so unwirksam macht, muss der Katalysator durch das Verbrennen des Rußes regeneriert werden. Dabei wird gleichzeitig die für den Crackvorgang notwendige Wärmeenergie gewonnen. Die entstehenden Crackprodukte werden schließlich noch mittels Destillation in mehrere Siedefraktionen aufgetrennt.

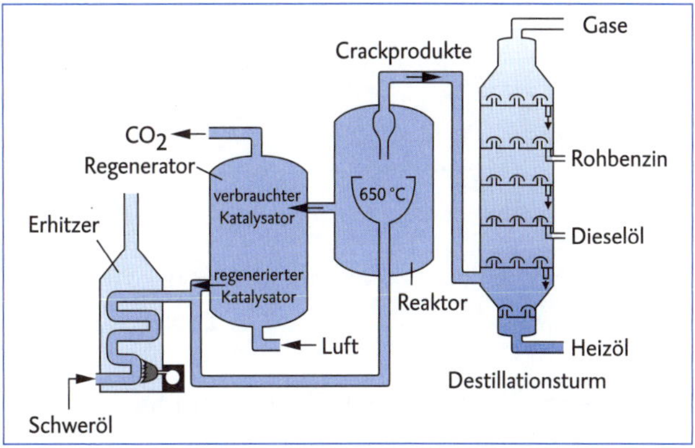

Abb. 45: schematische Darstellung des katalytischen Crackens

Beispiel

Mögliche Crackprozesse:

$$C_{18}H_{38} \longrightarrow C_8H_{18} + C_6H_{12} + C_4H_8$$

$$C_{16}H_{34} \longrightarrow C_8H_{18} + C_6H_{12} + C_2H_4$$

Reformieren von Benzin

Die Qualität von Benzin kann anhand der sogenannten **Oktanzahl** abgelesen werden. Sie ist ein Maß für die **Klopffestigkeit** von Kraftstoffen. Klopffest und damit hochwertig ist Benzin dann, wenn es im Motor erst bei der Zündung und nicht schon vorher verbrennt. Ungesättigte, cyclische und verzweigte Kohlenwasserstoffe wirken sich günstig auf die Klopffestigkeit aus. Um den Anteil solcher Verbindungen im Benzin zu erhöhen, werden die Destillate und Crackprodukte veredelt. Die Benzinveredelung wird als **Reforming** bezeichnet. Dabei werden langkettige Kohlenwasserstoffe bei Temperaturen um 500 °C und in Gegenwart von Katalysatoren in die gewünschten Verbindungen umgewandelt.

Beispiel

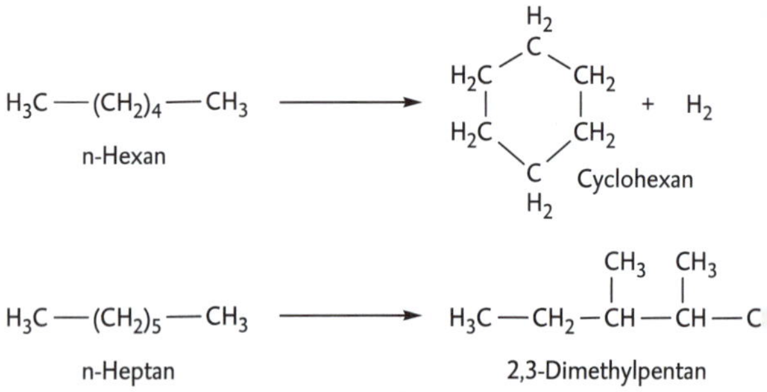

2 Sauerstoffhaltige organische Verbindungen

Alkanole, Alkanale, Alkanone und Alkansäuren zählen zu den sauerstoffhaltigen organischen Verbindungen, da sie neben Kohlenstoff- und Wasserstoff- auch Sauerstoffatome enthalten.

2.1 Alkanole (Alkohole)

Alkanole sind die **Hydroxyderivate** der Alkane. Bei den Alkanolen ist gegenüber den entsprechenden Kohlenwasserstoffen mindestens ein H-Atom gegen eine Hydroxygruppe ausgetauscht. Die Hydroxygruppe ist die **funktionelle Gruppe** der Alkanole und verantwortlich für die typischen Eigenschaften und Reaktionen dieser Stoffklasse.

Allgemeine Summenformel der **Alkanole:** $C_nH_{2n+1}OH$

Methanol ist der einfachste Alkohol und fällt bei der alkoholischen Gärung in geringen Mengen als Nebenprodukt an. Die im Körper gebildeten Abbauprodukte des Methanols haben **schädigende Wirkung** auf das zentrale Nervensystem, den Sehnerv und innere Organe.
Großtechnisch erfolgt die Methanolherstellung ausgehend von Synthesegas (ein Gemisch aus Kohlenstoffmonoxid und Wasserstoff im Verhältnis 1 : 2).

$$\underbrace{CO + 2\,H_2}_{\text{Synthesegas}} \xrightarrow[\text{Katalysator}]{400\,°C / 200\,\text{bar}} H_3C{-}OH$$

Ethanol, der sogenannte „Trinkalkohol“, wird in unterschiedlichen Konzentrationen bestimmten Getränken, wie z. B. Wein, Bier und Schnaps, beigemengt. Biotechnisch wird Ethanol aus traubenzuckerhaltigen Fruchtsäften durch **alkoholische Gärung** hergestellt. Dabei wandeln Hefepilze die Glucose (Traubenzucker) in Ethanol um.

$$C_6H_{12}O_6 \xrightarrow{\text{Hefepilze}} 2\,C_2H_5OH + 2\,CO_2$$

Industriell erfolgt die Herstellung von Ethanol durch Reaktion von Ethen mit Wasser in Gegenwart von Schwefel- oder Phosphorsäure als Katalysator.

$$C_2H_4 + H_2O \xrightarrow{H_3PO_4} C_2H_5OH$$

Benennung der Alkanole

Der Name der Alkanole ergibt sich aus dem Namen des entsprechenden Stammalkans und der Endsilbe **-ol**. Bei Alkanolen mit mehr als zwei Kohlenstoffatomen wird die Ziffer des Kohlenstoffatoms, an dem die Hydroxygruppe gebunden ist, vor die Endung -ol gesetzt. Tabelle 9 enthält die ersten fünf Vertreter der homologen Reihe der Alkanole.

Name	Summenformel	Halbstrukturformel
Methanol	CH_3OH	H_3C-OH
Ethanol	C_2H_5OH	H_3C-CH_2-OH
Propan-1-ol	C_3H_7OH	$H_3C-CH_2-CH_2-OH$
Butan-1-ol	C_4H_9OH	$H_3C-CH_2-CH_2-CH_2-OH$
Pentan-1-ol	$C_5H_{11}OH$	$H_3C-CH_2-CH_2-CH_2-CH_2-OH$

Tab. 9: Dier ersten fünf Vertreter der homologen Reihe der Alkanole

Sind mehrere Hydroxygruppen im Molekül enthalten **(mehrwertige Alkohole)**, so werden zusätzlich die entsprechenden griechischen Zahlwörter verwendet.

Beispiel

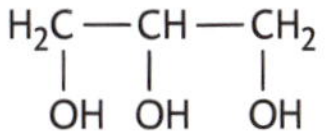

Propan-1,2,3-triol (Glycerin)

Isomerie

Besteht das Alkanol aus mindestens drei Kohlenstoffatomen, so tritt **Konstitutionsisomerie** auf.

Beispiel Die beiden Konstitutionsisomere von Propanol:

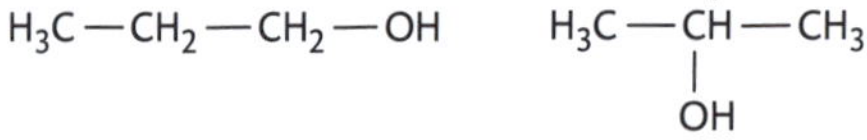

Propan-1-ol **Propan-2-ol**

Je nach Stellung der OH-Gruppe am Kohlenstoffgerüst unterscheidet man außerdem zwischen **primären, sekundären** und **tertiären** Alkanolen.

Beispiel

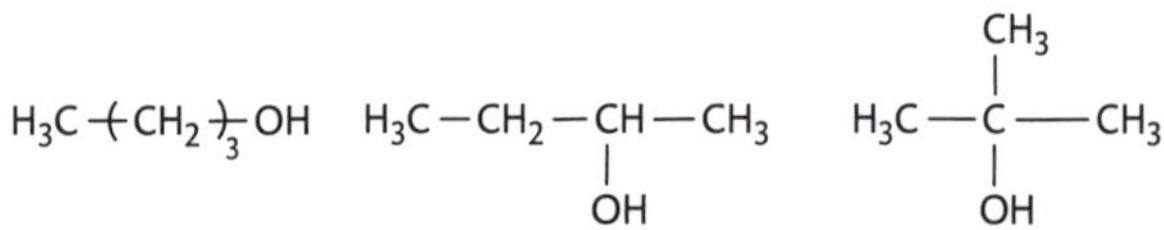

Butan-1-ol — **primärer Alkohol**
Butan-2-ol — **sekundärer Alkohol**
2-Methylpropan-2-ol — **tertiärer Alkohol**

- Bei **primären** Alkanolen befindet sich die Hydroxygruppe an einem Kohlenstoffatom, an dem nur **ein** weiteres Kohlenstoffatom gebunden ist.
- Bei **sekundären** Alkanolen befindet sich die Hydroxygruppe an einem Kohlenstoffatom, an dem **zwei** weitere Kohlenstoffatome gebunden sind.
- Bei **tertiären** Alkanolen befindet sich die Hydroxygruppe an einem Kohlenstoffatom, an dem **drei** weitere Kohlenstoffatome gebunden sind.

Ein weiteres Kriterium, nach denen die Alkanole klassifiziert werden können, ist die Anzahl der Hydroxygruppen im Molekül. **Einwertige Alkanole** enthalten eine, **zweiwertige** zwei und **dreiwertige** (z. B. Glycerin) drei Hydroxygruppen.

Eigenschaften

Die Eigenschaften der Alkanole werden durch die **polare** Hydroxygruppe maßgeblich bestimmt und unterscheiden sich beträchtlich von den Eigenschaften der unpolaren Alkane. Alkanole können aufgrund ihrer Molekülstruktur sowohl als **Hydroxyderivate der Alkane** als auch als **Alkylderivate des Wassers** aufgefasst werden.

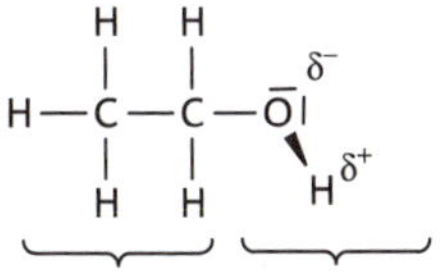

vom **Alkan** abgeleiteter Strukturteil — vom **Wasser** abgeleiteter Strukturteil

Alkanolmoleküle sind im Gegensatz zu Alkanmolekülen **permanente Dipole** und daher in Wasser (und anderen polaren Lösungsmitteln) löslich. Zwischen der Hydroxygruppe und den Wassermolekülen bilden sich dabei **Wasserstoffbrücken** aus. Die Wasserlöslichkeit der Alkanole hängt aber auch von der Länge des **hydrophoben** Alkylrests ab.

Je länger der **hydrophobe** Alkylrest eines Alkanols, umso schlechter ist die Löslichkeit in Wasser bzw. in einem **polaren** Lösungsmittel.

Mit zunehmender Länge des hydrophoben Molekülteils verliert die hydrophile Hydroxygruppe an Bedeutung, die Wasserlöslichkeit des Moleküls nimmt ab.

Die **Schmelz-** und **Siedepunkte** der Alkanole (siehe Tab. 10, S. 98) sind deutlich höher als die der entsprechenden Alkane (siehe Tab. 8, S. 81). Bei den Alkanolen bilden sich neben den Van-der-Waals-Wechselwirkungen zwischen den Alkylresten auch starke Wasserstoffbrücken zwischen den polaren Hydroxygruppen aus. Um die Moleküle in den flüssigen bzw. gasförmigen Zustand zu bringen, ist folglich mehr Energie notwendig.

Name	Siede-temperatur	Schmelz-temperatur
Methanol	65 °C	−98 °C
Ethanol	78 °C	−114 °C
Propan-1-ol	97 °C	−126 °C
Butan-1-ol	117 °C	−89 °C
Pentan-1-ol	138 °C	−78 °C
Hexan-1-ol	157 °C	−45 °C
Heptan-1-ol	176 °C	−35 °C

Tab. 10: Schmelz- und Siedetemperaturen einiger Alkanole

Vergleicht man die Siedetemperaturen verschiedener Konstitutionsisomere miteinander, so erkennt man, dass die unverzweigten Isomere stets höhere Siedetemperaturen aufweisen als die verzweigten.

Zwischen den **unverzweigten** Alkanolmolekülen können sich aufgrund der größeren Moleküloberfläche **stärkere** Van-der-Waals-Wechselwirkungen ausbilden.

Beispiel

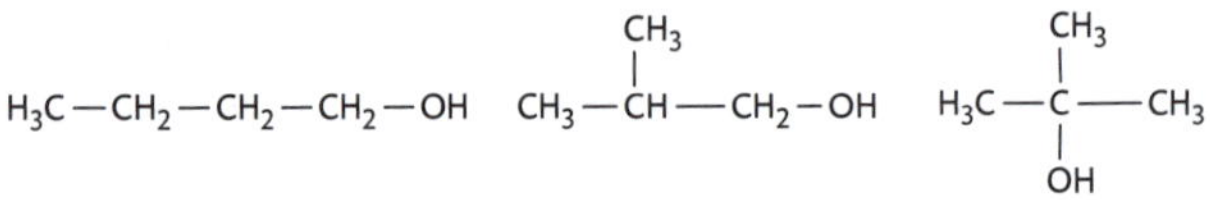

Butan-1-ol **Sdp.: 118 °C** 2-Methylpropan-1-ol **Sdp.: 108 °C** 2-Methylpropan-2-ol **Sdp.: 83 °C**

Die Schmelz- und Siedetemperaturen steigen auch mit zunehmender Anzahl der im Molekül enthaltenen Hydroxygruppen.

Je **mehr** Hydroxygruppen in den Molekülen vorhanden sind, umso **mehr** Wasserstoffbrücken können sich ausbilden und umso **höher** sind die Schmelz- und Siedepunkte.

Reaktionen der Alkanole

Primäre Alkohole werden erst zu **Alkanalen** (Aldehyden) und dann weiter zu **Alkansäuren** (Carbonsäuren) oxidiert (vgl. S. 100, 104). Die Oxidationsstufe des Kohlenstoffatoms, das die funktionelle Gruppe trägt, erhöht sich dabei jeweils um zwei (Regeln zur Ermittlung von Oxidationszahlen siehe S. 60 f.).

Beispiel

Oxidation von Ethanol über Ethanal zu Ethansäure (Essigsäure):

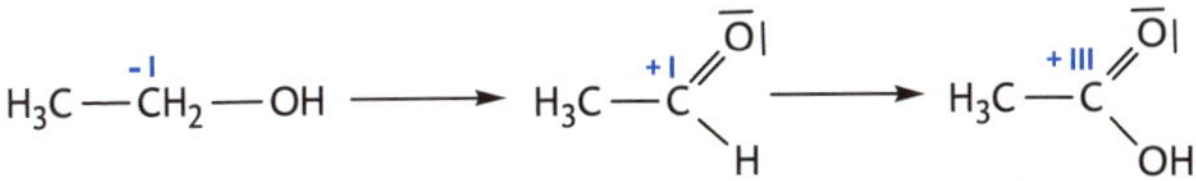

Ethanol (Alkanol) — **Ethanal** (Alkanal) — **Ethansäure** (Alkansäure)

Mit dem **milden Oxidationsmittel** CuO wird Ethanol nur zu Ethanal oxidiert:

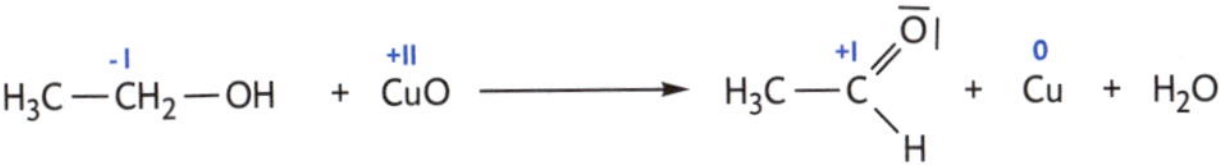

Mit **starken Oxidationsmitteln** (z. B. Kaliumpermanganatlösung) werden die primären Alkanole bis zur Alkansäure oxidiert.

Sekundäre Alkanole werden zu **Alkanonen** (Ketonen) oxidiert.

Beispiel

Oxidation von Propan-2-ol zu Propanon:

Propan-2-ol (Alkanol) — **Propanon** (Alkanon)

> **Tertiäre Alkanole** sind ohne Zerstörung des Kohlenstoffgerüstes **nicht** weiter oxidierbar.

Gegenüber starken Basen können die Alkanole als **Säuren** reagieren und das positiv polarisierte Wasserstoffatom der Hydroxygruppe abgeben; es entsteht die korrespondierende Base, das **Alkanolation**. In wässrigen Lösungen erfolgt allerdings keine Protonenabgabe, da das Wassermolekül eine zu schwache Base ist.

$$R-OH \xrightarrow{\text{starke Base}} R-\overline{\underline{O}}|^{-} + H^+ \qquad (R = \text{Alkylrest})$$

Alkanolate können auch durch Redoxreaktionen zwischen Alkanolen und Alkalimetallen gebildet werden (analog zu der Reaktion von Wasser mit Alkalimetall).

Beispiel

$$CH_3-CH_2-OH + Na \longrightarrow CH_3-CH_2-\overline{\underline{O}}|^{-}\ Na^+ + \frac{1}{2}\ H_2$$

2.2 Carbonylverbindungen: Alkanale und Alkanone

Alkanale und Alkanone sind die ersten Oxidationsprodukte primärer bzw. sekundärer Alkanole. Beide Verbindungen enthalten die **Carbonylgruppe** als funktionelle Gruppe, weshalb sie auch unter dem Namen Carbonylverbindungen zusammengefasst werden.

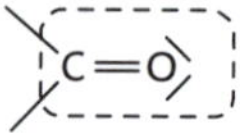

Carbonylgruppe

Alkanale sind Verbindungen mit **endständiger** Carbonylgruppe,
Alkanone sind Verbindungen mit **mittelständiger** Carbonylgruppe.

Der Name der Alkanale ergibt sich aus dem Namen des zugrunde liegenden Alkans und der Endung **-al**, der Name der Alkanone bildet sich aus dem Namen des entsprechenden Alkans und der Endung **-on**. Bei Alkanonen, die mindestens vier Kohlenstoffatome enthalten, muss die Position der Carbonylgruppe eindeutig definiert sein. Die Stellung der Carbonylgruppe wird dabei mit einer möglichst niedrigen Ziffer angegeben.

Beispiel

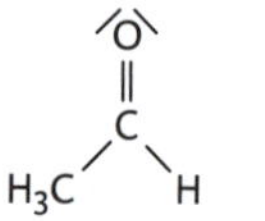

Ethanal (Alkanal)

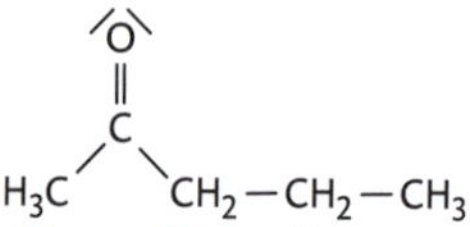

Pentan-2-on (Alkanon)

Methanal (Formaldehyd) ist das einfachste Alkanal und kann durch katalytische Oxidation von Methanol mit Luftsauerstoff dargestellt werden.

$$2\ H_3C-OH + O_2 \xrightarrow{\text{Katalysator}} 2\ H_2C{=}\overline{O} + 2\ H_2O$$

Methanal ist ein **Abbauprodukt von Methanol**, das durch die Aufnahme von minderwertigen alkoholischen Getränken in den Körper gelangen kann. Methanal wirkt z. B. auf Netzhautproteine **denaturierend**, was zur Erblindung führen kann.
Ethanol kann in Gegenwart eines Kupferblechs, das zuvor in der Bunsenbrennerflamme zu schwarzem Kupfer(II)-oxid oxidiert wurde, zu **Ethanal** oxidiert werden. Gleichzeitig wird Kupfer(II)-oxid zu Kupfer reduziert, was man daran erkennt, dass sich die rote Farbe des Kupferblechs zurückbildet.

$$H_3C{-}CH_2{-}OH \; + \; CuO \longrightarrow H_3C{-}CH{=}O \; + \; Cu \; + \; H_2O$$

Eigenschaften

Die Carbonylgruppe ist eine **polare** Gruppe, in der das Carbonylkohlenstoffatom positiv und das elektronegativere Sauerstoffatom negativ polarisiert ist. Alkanale und Alkanone sind **schwach polare** Verbindungen, zwischen deren Molekülen sich neben Van-der-Waals-Kräften auch **Dipol-Dipol-Wechselwirkungen** ausbilden können. Die **Siedepunkte** der Carbonylverbindungen sind daher zwar deutlich höher als die der entsprechenden Alkane, aber geringer als die vergleichbarer Alkanole, zwischen denen sich starke Wasserstoffbrückenbindungen ausbilden.
Kurzkettige Carbonylverbindungen lösen sich aufgrund der polaren Carbonylgruppe in Wasser. Mit zunehmender Kettenlänge überwiegt der hydrophobe Charakter und die **Wasserlöslichkeit** der Verbindungen nimmt deutlich ab.

Reaktionen der Carbonylverbindungen

Alkanale lassen sich zu Alkansäuren oxidieren. Auf diesem Reaktionstyp beruhen die typischen Nachweisreaktionen der Alkanale.
Bei der **Fehling-Probe** werden Alkanale im **alkalischen Milieu** mit einer Lösung, die Cu^{2+}-Ionen enthält, erhitzt. Die Bildung eines **roten Niederschlags** von Kupfer(I)-oxid (Cu_2O) beweist dabei die Anwesenheit des Alkanals.

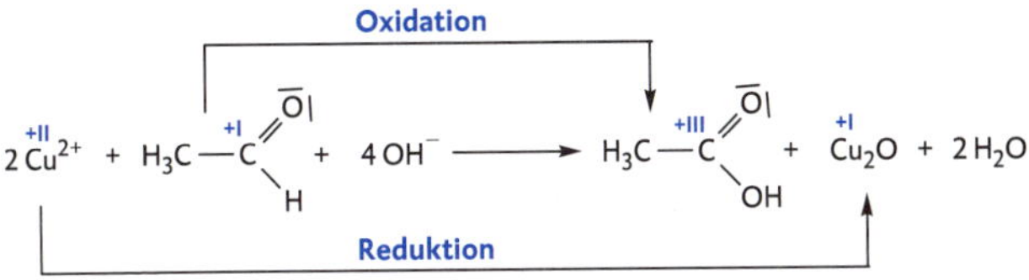

Bei der **Silberspiegelprobe** werden Alkanale dadurch nachgewiesen, dass aus einer ammoniakalischen Silbersalzlösung elementares Silber (in Form eines Silberspiegels an der Glaswand) abgeschieden wird.

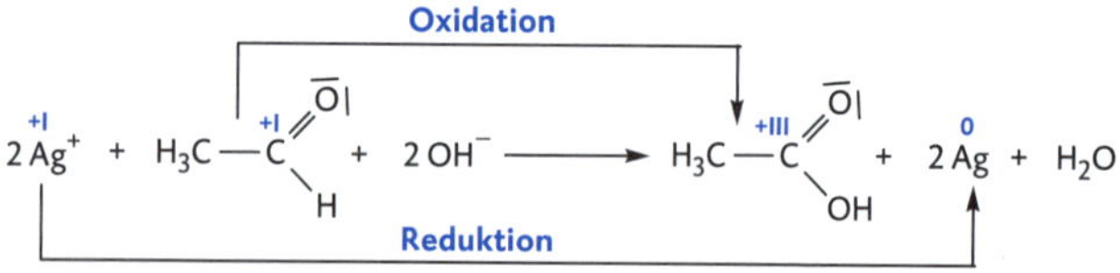

Alkanale und Alkanone können anhand von Fehling- oder Silberspiegelprobe voneinander unterschieden werden, da nur die Alkanale ein positives Versuchsergebnis liefern.

Alkanone können im Gegensatz zu Alkanalen **nicht** zu Alkansäuren oxidiert werden.

Die typische Reaktion der Carbonylverbindungen ist die **nukleophile Addition**. Dabei addieren nukleophile Teilchen (z. B. Wasser oder Alkanole) an das positiv polarisierte Carbonylkohlenstoffatom **(Elektrophil)**.

- **Nukleophile Teilchen** sind Elektronendonatoren und besitzen mindestens ein freies Elektronenpaar.
- **Elektrophile Teilchen** sind Elektronenakzeptoren und besitzen ein positiv geladenes oder positiv polarisiertes Zentrum.

Addiert Wasser an Carbonylverbindungen, entstehen **Hydrate**. Bei der Addition von Alkanolen an Alkanale bilden sich **Halbacetale** und bei der Addition von Alkanolen an Alkanone **Halbketale**.

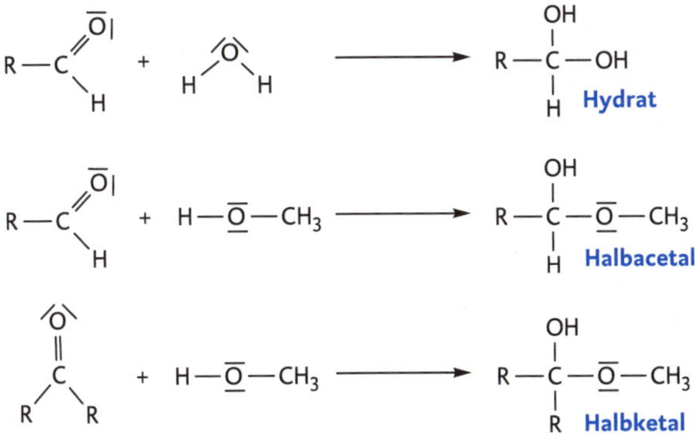

R = organischer Rest

Reaktionsmechanismus der nukleophilen Addition

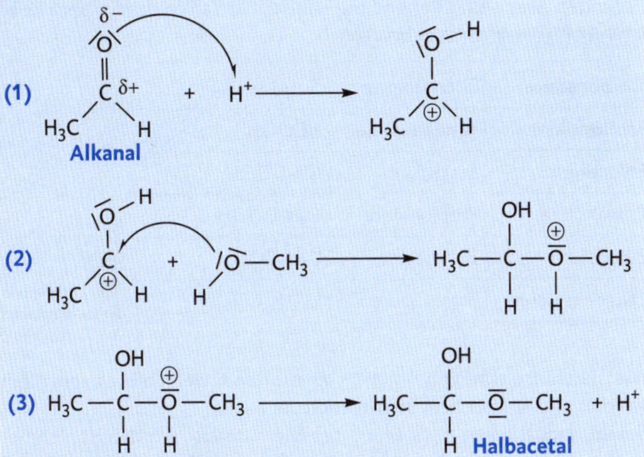

(1): Die Reaktivität der Carbonylgruppe kann durch **Säurekatalyse** erhöht werden. Das Proton der Säure greift das Sauerstoffatom an, wobei die C=O-Doppelbindung gespalten wird und das Carbonylkohlenstoffatom eine positive Ladung erhält.

(2): Das Alkanolmolekül addiert über das freie Elektronenpaar des Sauerstoffatoms nukleophil an das Carbonylkohlenstoffatom. Der nukleophile Angriff am Carbonylkohlenstoffatom wird durch die positive Ladung erleichtert.
(3): Im letzten Reaktionsschritt wird ein Proton abgespalten und das Halbacetal gebildet.

2.3 Alkansäuren (Carbonsäuren)

Alkansäuren enthalten als funktionelle Gruppe die Carboxygruppe, die sich formal gesehen aus einer **Carb**onyl und einer Hydr**oxy**gruppe zusammensetzt.

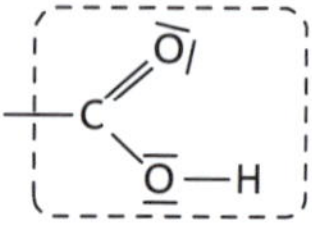

Carboxygruppe

Der Name der Carbonsäuren ergibt sich aus dem Namen des zugrunde liegenden Alkans und der Endung **-säure**. Für zahlreiche Carbonsäuren sind auch Trivialnamen gebräuchlich.

Carbonsäure	Trivialname	Summenformel
Methansäure	Ameisensäure	$HCOOH$
Ethansäure	Essigsäure	CH_3COOH
Propansäure	Propionsäure	C_2H_5COOH
Butansäure	Buttersäure	C_3H_7COOH
Oktadekansäure	Stearinsäure	$C_{17}H_{35}COOH$

Tab. 11: Beispiele für Carbonsäuren

Methansäure wird von Ameisen abgesondert, wenn diese angegriffen werden. Dies erklärt den Trivialnamen der Säure.
Bei der industriellen Herstellung der Methansäure werden Kohlenmonoxid und Natriumhydroxid bei hohen Drücken zur Reaktion gebracht. Das entstehende Natriumsalz der Methansäure (Natriumformiat) wird mit Schwefelsäure zur Methansäure umgesetzt.

$$CO + NaOH \longrightarrow HCOO^{\ominus} Na^{\oplus}$$

$$2\,HCOO^{\ominus}Na^{\oplus} + H_2SO_4 \longrightarrow 2\,HCOOH + Na_2SO_4$$

Ethansäure (Essigsäure) ist wohl die bekannteste Carbonsäure und wird von Essigsäurebakterien aus ethanolhaltigen Lösungen (z. B. Wein) gebildet.

$$C_2H_5OH + O_2 \longrightarrow CH_3COOH + H_2O$$

Großtechnisch gewinnt man Essigsäure durch Reaktion von Methanol mit Kohlenstoffmonoxid unter Druck und in Gegenwart eines Katalysators.

$$CH_3OH + CO \longrightarrow CH_3COOH$$

Kommen mehrere Säurereste im Molekül vor **(mehrwertige Säuren)**, werden zusätzlich die entsprechenden griechischen Zahlwörter verwendet.

Beispiel

HOOC—COOH
Ethandisäure

HOOC—CH_2—COOH
Propan-1,3-disäure

Zahlreiche biochemisch bedeutende Verbindungen enthalten außer der Carboxygruppe auch andere funktionelle Gruppen in ihren Molekülen.

Beispiel

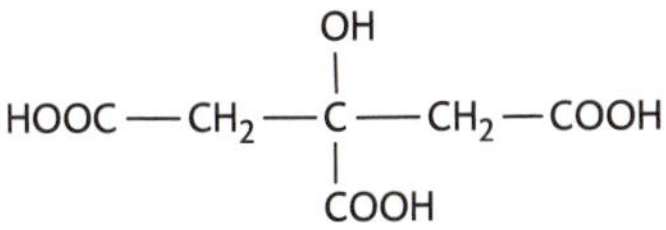

Zitronensäure
(3-Carboxy-3-hydroxypentandisäure)

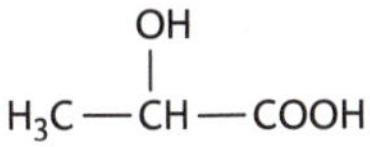

Milchsäure
(2-Hydroxypropansäure)

Eigenschaften

Die **Siedetemperaturen** der Carbonsäuren sind etwas höher als die vergleichbarer Alkanole. Auch zwischen den Carbonsäuremolekülen bilden sich Wasserstoffbrückenbindungen aus, die allerdings aufgrund der größeren Polarität der Carboxygruppe etwas stärker sind als bei den Alkanolen.

Kurzkettige Carbonsäuren sind aufgrund der polaren Carboxygruppe gut in Wasser löslich. Die **Wasserlöslichkeit** nimmt mit der Länge des hydrophoben Kohlenwasserstoffrestes ab.

Reaktionen der Carbonsäuren

Carbonsäuren sind mittelstarke bis schwache Säuren, die ihr Proton deutlich bereitwilliger abgeben als die Alkanole. Auch die wässrigen Lösungen vieler Carbonsäuren reagieren sauer. Dabei entstehen teilweise die entsprechenden Carboxylatanionen und Oxoniumionen.

Beispiel

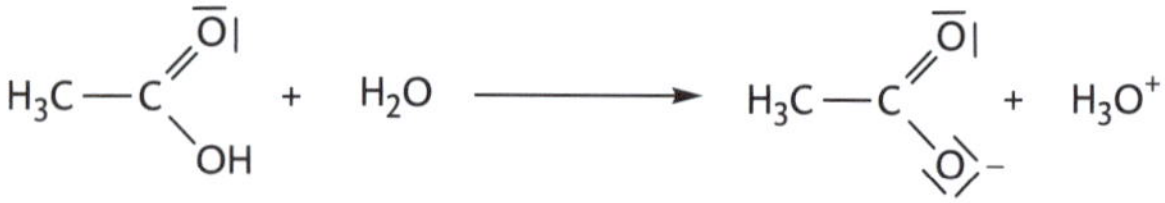

Ethansäure **Ethanoatanion**

Die Salze der Carbonsäuren entstehen bei der Reaktion mit Basen. Wie alle Salze sind auch die Salze der Carbonsäuren **Ionenverbindungen**. Ihr Name setzt sich aus dem Kation, dem Säureanion und der Endung **-oat** zusammen.

Beispiel

Ethansäure **Natriumethanoat**

Carbonsäureester

Carbonsäuren reagieren mit Alkanolen unter Abspaltung von Wasser zu **Carbonsäureestern**. Bei der **Veresterung** handelt es sich um eine Kondensation. Der Name eines Esters setzt sich zusammen aus dem Namen der Carbonsäure, dem Alkylrest des Alkanols und der Endung **-ester**.

Beispiel

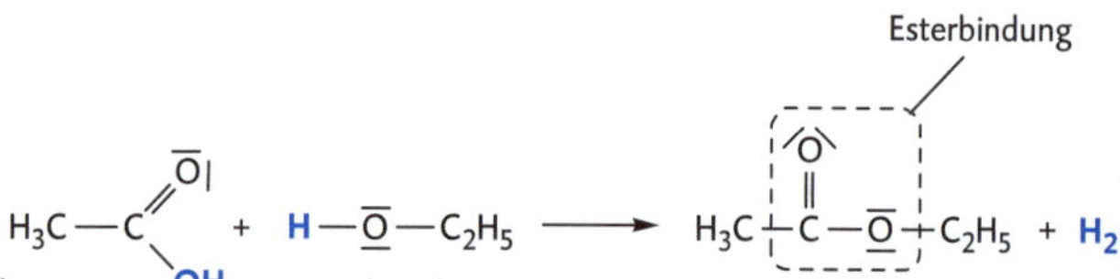

Ethansäure Ethanol **Ethansäureethylester**

Die hydrolytische Spaltung der Ester in die Carbonsäure und das Alkanol bezeichnet man als **Verseifung** (vgl. S. 111).

Viele Ester haben intensive fruchtartige Gerüche und sind daher häufig Bestandteil natürlicher und synthetischer **Aromastoffe**.

Beispiel

Ester	Säure	Alkanol	Aroma
Ethansäurepentylester	Ethansäure	Pentanol	Banane
Butansäureethylester	Butansäure	Ethanol	Ananas
Butansäuremethylester	Butansäure	Methanol	Apfel

Carbonsäureester sind hydrophob, da die leicht polare Esterbindung von den hydrophoben Alkylresten gut abgeschirmt wird. Ihre Wasserlöslichkeit ist daher gering.
Ester, die im menschlichen Stoffwechsel eine große Rolle spielen, sind die Fette (vgl. S. 109 f.). Fette sind Carbonsäureester des dreiwertigen Alkohols Glycerin.

2.4 Quantitative Elementaranalyse

Mittels der Elementaranalyse nach Liebig wird ermittelt, in welchem **Massenverhältnis** die Elemente Kohlenstoff, Wasserstoff und Sauerstoff in einer organischen Verbindung vorliegen.
Eine genau abgewogene Probe der organischen Verbindung wird zusammen mit schwarzem Kupfer(II)-oxid (CuO) in einer geschlossenen Apparatur erhitzt.

Beispiel

Reaktion von Methanal mit Kupfer(II)-oxid:

$$2\,CuO + H_2CO \longrightarrow 2\,Cu + H_2O + CO_2$$

Die gasförmigen Reaktionsprodukte Wasser und Kohlendioxid werden zunächst durch ein Reaktionsgefäß geleitet, das mit **wasserfreiem Calciumchlorid** gefüllt ist. Der Wasserdampf wird dabei vollständig an das Calciumhydroxid adsorbiert. Das verbleibende Kohlendioxid adsorbiert an das Kaliumhydroxid im zweiten Reaktionsgefäß. Die Massen von Wasser und Kohlendioxid ergeben sich aus der Differenz der Massen von Calciumhydroxid bzw. Kaliumhydroxid vor und nach der Adsorption. Die Masse des in der Verbindung enthaltenen Sauerstoffs ergibt sich aus der Differenz der eingewogenen Gesamtmasse der Probe und der ermittelten Masse von Wasserstoff und Kohlenstoff.

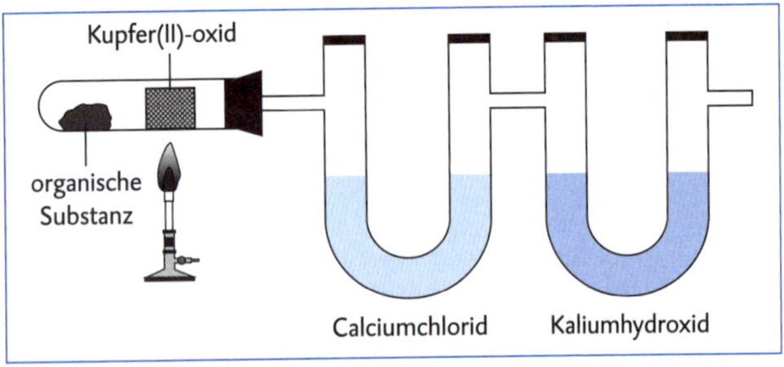

Abb. 46: Elementaranalyse nach Liebig

Beispiel

Bei der Verbrennung von 100 mg einer unbekannten organischen Substanz ($M = 58{,}1\ g \cdot mol^{-1}$) entstehen 93 mg Wasser und 227 mg Kohlendioxid.

Berechnung der Stoffmengen von Wasser und Kohlendioxid:

$$n(H_2O) = \frac{m(H_2O)}{M(H_2O)} = \frac{0{,}093\ g}{18\ g \cdot mol^{-1}} = 0{,}005\ mol$$

$$n(CO_2) = \frac{m(CO_2)}{M(CO_2)} = \frac{0{,}227\ g}{44\ g \cdot mol^{-1}} = 0{,}005\ mol$$

Berechnung der Stoffmengen von Wasserstoff und Kohlenstoff:

$$n(H) = 2 \cdot n(H_2O)$$

$$m(H) = 2 \cdot n(H_2O) \cdot M(H) = 0{,}01\ mol \cdot 1\ g \cdot mol^{-1} = 0{,}01\ g$$

$$n(C) = n(CO_2)$$

$$m(C) = n(C) \cdot M(C) = 0{,}005\ mol \cdot 12\ g \cdot mol^{-1} = 0{,}06\ g$$

Berechnung der Masse des gebundenen Sauerstoffs:

$$m(O) = m(Probe) - m(H) - m(C)$$

$$m(O) = 0{,}1\ g - 0{,}01\ g - 0{,}06\ g = 0{,}03\ g$$

$$n(O) = \frac{m(O)}{M(O)} = \frac{0{,}03\ g}{16\ g \cdot mol^{-1}} = 0{,}002\ mol$$

Verhältnis der Stoffmengen:

$$n(C) : n(H) : n(O) = 0{,}005\ mol : 0{,}01\ mol : 0{,}002\ mol$$

Daraus ergibt sich die Verhältnisformel $C_5H_{10}O_2$

3 Biomoleküle

3.1 Fette und fette Öle

Fette sind Ester des dreiwertigen Alkohols **Glycerin** (Propan-1,2,3-triol) mit langkettigen Carbonsäuren. Sie werden allgemein als **Triglyceride** bezeichnet.

Bei der Veresterung (vgl. S. 106) reagieren die drei Hydroxygruppen des Glycerins mit den Carboxygruppen langkettiger Carbonsäuren, sogenannter **Fettsäuren**, unter Wasserabspaltung.

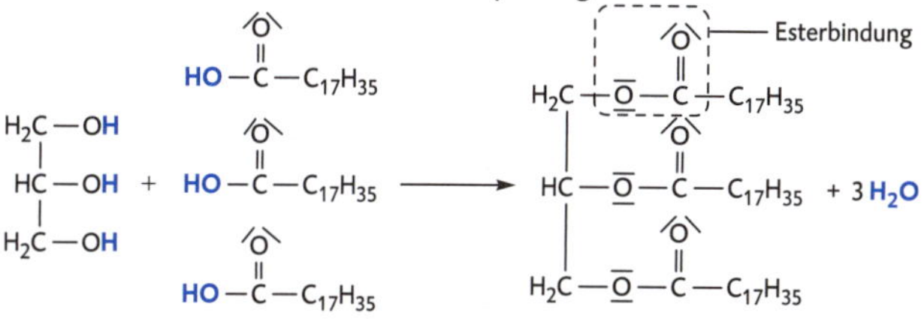

Glycerin **Fettsäuren** **Fett**

Die Fettsäuren bestimmen maßgeblich die Eigenschaften der Fette, an deren Aufbau sie beteiligt sind. Man unterscheidet zwischen **gesättigten** und **ungesättigten** Fettsäuren.

Gesättigte Fettsäuren enthalten keine, **ungesättigte Fettsäuren** eine oder mehrere (mehrfach ungesättigte Fettsäuren) Doppelbindungen.

Beispiel

Gesättigte Fettsäuren:

$H_3C—(CH_2)_{14}—COOH$

Hexadekansäure **(Palmitinsäure)**

$H_3C—(CH_2)_{16}—COOH$

Oktadekansäure **(Stearinsäure)**

Ungesättigte Fettsäuren:

$H_3C—(CH_2)_7—{}_{10}CH={}_{9}CH—(CH_2)_7—{}_{1}COOH$

Oktadeka-9-ensäure **(Ölsäure)**

$H_3C—(CH_2)_4—{}_{13}CH={}_{12}CH—{}_{11}CH_2—{}_{10}CH={}_{9}CH—(CH_2)_7—{}_{1}COOH$

Oktadeka-9,12-diensäure **(Linolsäure)**

Natürliche ungesättigte Fettsäuren liegen in der **Z-Konfiguration** (vgl. S. 86) vor und beanspruchen aufgrund der „Knicke“ im Molekül mehr Raum als gesättigte Fettsäuren.

Beispiel Kurzschreibweise einer gesättigten (Palmitinsäure) und einer ungesättigten Fettsäure (Ölsäure):

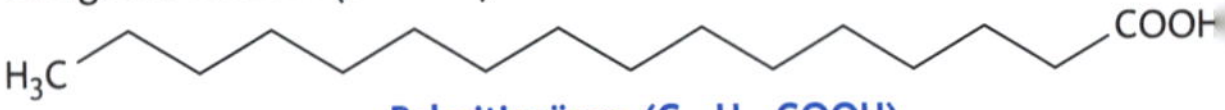

Palmitinsäure ($C_{15}H_{31}COOH$)

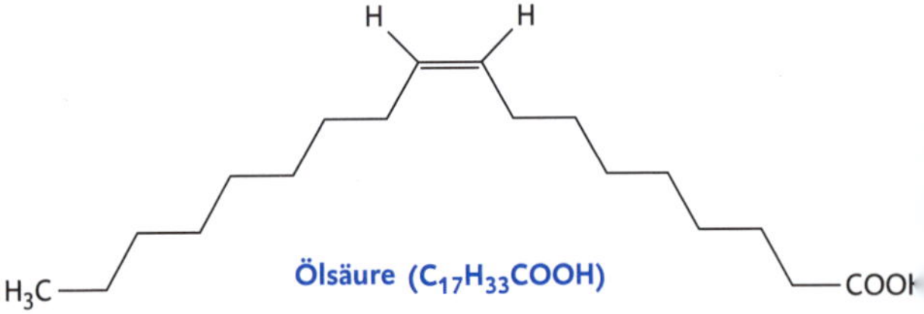

Ölsäure ($C_{17}H_{33}COOH$)

Eigenschaften
Bei den natürlichen Fetten handelt es sich um **Stoffgemische**, die sich aus unterschiedlichen Triglyceriden zusammensetzen. Diese Fette schmelzen daher nicht bei einer bestimmten Schmelztemperatur, sondern innerhalb eines breiteren **Schmelzbereiches**.
Fette, die überwiegend aus ungesättigten Fettsäuren aufgebaut sind, haben bei Raumtemperatur eine **flüssig-ölige Konsistenz**. Da sich die sperrigen Fettsäurereste im Molekül nicht parallel zueinander ausrichten können, wirken nur geringe **Van-der-Waals-Kräfte** zwischen den unpolaren Alkylresten. Die Folge sind die niedrigen Schmelzbereiche dieser Fette **(fette Öle)**. Sind im Fettmolekül hingegen ausschließlich gesättigte Fettsäuren gebunden, liegen wachsartige Fette vor.

Je höher der Anteil **ungesättigter** Fettsäuren in einem Fett ist, umso **niedriger** ist sein Schmelzbereich.

Fette sind **unpolar** und daher in polaren Lösungsmitteln, wie z. B. Wasser, unlöslich. In unpolaren Lösungsmitteln (z. B. Benzin) sind Fette dagegen gut löslich.

Verseifung von Fetten

Die Spaltung von Fetten erfolgt durch Kochen in Natronlauge bzw. Kalilauge und wird als **Verseifung** bezeichnet. Dabei werden die Esterbindungen gespalten und es entstehen Glycerin und die Natrium- bzw. Kaliumsalze der Fettsäuren.

> **Seifen** sind die Alkalisalze der Fettsäuren.

Die Natriumsalze von Fettsäuren werden als **Kernseifen**, die Kaliumsalze als **Schmierseifen** bezeichnet.

Beispiel

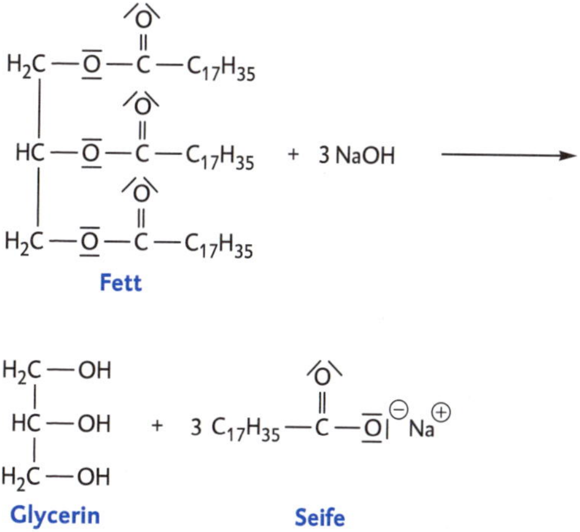

Seifen setzen sich aus einem polaren (hydrophilen) Carboxylat- und einem unpolaren (hydrophoben) Kohlenwasserstoffrest zusammen.

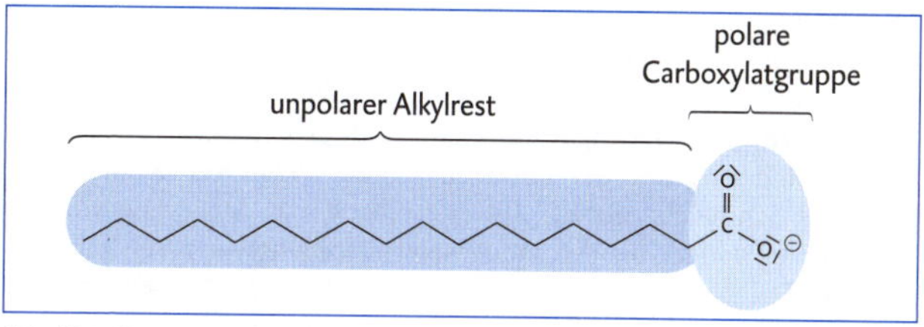

Abb. 47: Aufbau eines Seifenanions

Die Seifenteilchen ordnen sich an der Wasseroberfläche so an, dass die polaren Carboxylatgruppen im Wasser verbleiben, während die unpolaren Alkylreste aus dem Wasser herausragen. Aufgrund dieser Anordnung der Seifenteilchen werden die starken Wechselwirkungen zwischen den Wassermolekülen an der Wasseroberfläche gestört und die Oberflächenspannung des Wassers (vgl. S. 5 f.) verringert sich. Als Folge davon können Textilien beim Waschvorgang besser mit der Waschlösung (Seifenlösung) benetzt werden.

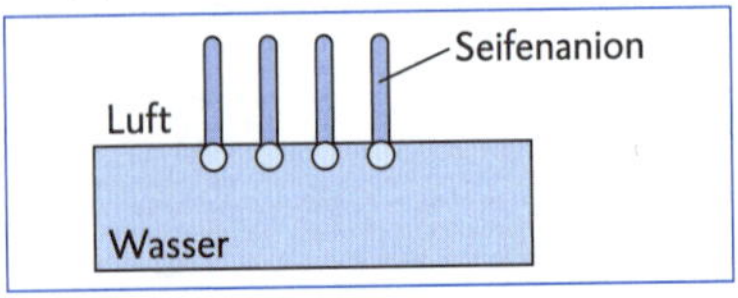

Abb. 48: Anordnung der Seifenanionen an der Wasseroberfläche

Im Inneren der Waschlösung treten die Seifenanionen über ihre hydrophoben Alkylreste mit den fetthaltigen Schmutzpartikeln in Kontakt. Die hydrophilen Enden zeigen dabei in Richtung des umgebenden Wassers. Die Schmutzteilchen werden auf diese Weise in der Lösung gehalten und es wird verhindert, dass sie sich erneut auf den Textilien absetzen.

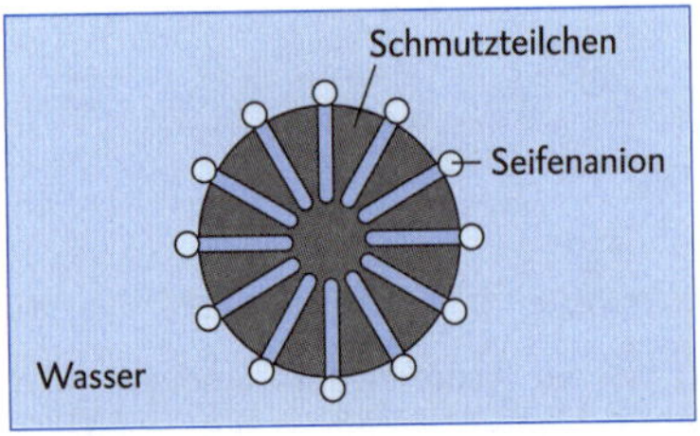

Abb. 49: Anordnung der Seifenanionen auf einem Schmutzteilchen

Fetthärtung

Um fette Öle in streichfähige, feste Fette umzuwandeln, wird Wasserstoff an die Doppelbindungen der ungesättigten Fettsäuren addiert **(Hydrierung)**. Die verringerte Anzahl an Doppelbindungen im Fettmolekül bewirkt aufgrund der stärkeren Van-der-Waals-Kräfte eine Erhöhung des Schmelzbereiches. Zur Herstellung von Margarine werden Pflanzenöle hydriert. Bei den modernen Herstellungsverfahren wird nur noch ein Teil der Fette gehärtet, um die Entstehung von trans-Fettsäuren, denen Gesundheitsrisiken zugeschrieben werden, zu minimieren.

Vorkommen und Verwendung

Fette sind **wichtige Energieträger** und liefern mit einem physiologischen Brennwert von ca. 40 kJ · g^{-1} mehr als doppelt so viel Energie wie Kohlenhydrate oder Eiweiße. Nicht verbrannte Fette werden in Form von Depotfetten gespeichert, auf die dann in Mangelzeiten zurückgegriffen werden kann.

Fette bieten auch Schutz vor mechanischen Einflüssen. So sind lebensnotwendige Organe von einer äußeren Fettschicht als **Schutzpolster** umgeben.

Unter **essenziellen Fettsäuren** versteht man Fettsäuren, die der Körper dringend für verschiedene Stoffwechselprozesse benötigt, aber nicht selber herstellen kann. Solche Fettsäuren müssen folglich mit der Nahrung aufgenommen werden. Ein Beispiel für eine essenzielle Fettsäure ist die Linolensäure, die in fettem Seefisch (Hering, Makrele, Lachs) enthalten ist.

Fette haben auch Bedeutung als nachwachsende Rohstoffe. Aus Rapsöl kann etwa durch Umesterung mit Methanol **Biodiesel** (Rapsölmethylester), ein alternativer Kraftstoff, hergestellt werden.

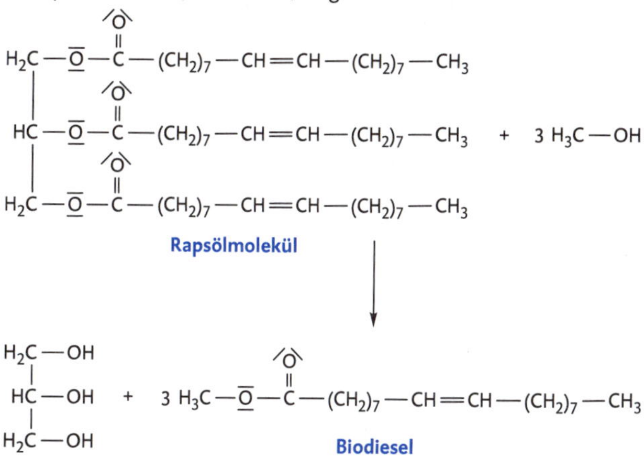

3.2 Kohlenhydrate

Der Name dieser Stoffklasse rührt daher, dass früher fälschlicherweise angenommen wurde, es handele sich bei diesen Verbindungen um Hydrate des Kohlenstoffs. Zwar weisen die meisten Kohlenhydrate die allgemeine Summenformel $C_x(H_2O)_y$ auf und beim Erhitzen von z. B. Traubenzucker wird auch Wasser freigesetzt, aber tatsächlich sind in den Kohlenhydraten keine Wassermoleküle, sondern Hydroxygruppen an die Kohlenstoffatome gebunden.
Kohlenhydrate spielen für alle Lebewesen bei der **Energieversorgung** und der **Energiespeicherung** eine zentrale Rolle. In Pflanzen werden während der Fotosynthese mithilfe von Sonnenlicht Kohlenhydrate (Glucose) aus Wasser und Kohlenstoffdioxid gebildet. Dieser chemische Vorgang läuft in den Chloroplasten ab und wird als **Assimilation** bezeichnet.

$$6\,CO_2 + 12\,H_2O \longrightarrow C_6H_{12}O_6 + 6\,O_2 + 6\,H_2O$$

Der umgekehrte Vorgang, der Abbau von Glucose, läuft in den Zellen zur Energiegewinnung ab und wird als **Dissimilation** (Zellatmung) bezeichnet

$$C_6H_{12}O_6 + 6\,O_2 + 6\,H_2O \longrightarrow 6\,CO_2 + 12\,H_2O$$

Die Kohlenhydrate werden nach der Anzahl der Kohlenhydrat-Bausteine in drei Gruppen eingeteilt: **Monosaccharide** (Einfachzucker), **Disaccharide** (Zweifachzucker) und **Polysaccharide** (Vielfachzucker).

Monosaccharide	Disaccharide	Polysaccharide
Glucose (Traubenzucker)	Saccharose (Haushaltszucker)	Stärke
Fructose (Fruchtzucker)	Maltose (Malzzucker)	Cellulose

Des Weiteren können die Kohlenhydrate auch in **Aldosen** und **Ketosen** eingeteilt werden, je nachdem, ob im Molekül eine endständige Carbonylgruppe oder eine Ketogruppe enthalten ist.

Glucose

Das zentrale Kohlenhydrat des Stoffwechsels ist eine **Aldohexose**, da es aus sechs Kohlenstoffatomen aufgebaut ist und eine Carbonylgruppe enthält. Bei der Darstellung der Glucose in der **Fischer-Projektion** steht das am höchsten oxidierte Kohlenstoffatom (C 1) oben und die Stellung der Hydroxygruppen auf der rechten oder linken Seite des Kohlenstoffgerüsts ist eindeutig festgelegt.

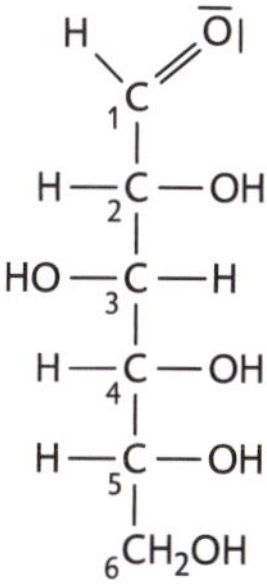

Glucose $C_6H_{12}O_6$
(Fischer-Projektionsformel)

Mithilfe der Fischer-Projektionsformeln werden Zuckermoleküle in ihrer offenkettigen Form dargestellt. Durch **intramolekulare Halbacetalbildung** (vgl. S. 102 f.) kommt es zum Ringschluss. Im Glucosemolekül addiert die Hydroxygruppe am C 5-Atom unter Ausbildung eines Sechsrings an das Carbonylkohlenstoffatom (C 1) (nukleophile Addition). Dabei entstehen eine Sauerstoffbrücke und eine neue OH-Gruppe am C 1-Atom. Die Darstellung der Ringmoleküle erfolgt wegen der besseren Übersichtlichkeit in der **Haworth-Projektionsformel**.

Regeln zur Umwandlung der Fischer-Projektionsformel in die Haworth-Projektionsformel

- Alle Atome oder Atomgruppen, die in der Fischer-Projektion **rechts** stehen, zeigen an den entsprechenden C-Atomen in der Haworth-Projektion nach **unten**.
- Alle Atome oder Atomgruppen, die in der Fischer-Projektion **links** stehen, zeigen an den entsprechenden C-Atomen in der Haworth-Projektion nach **oben**.

Die neu gebildete Hydroxygruppe am C 1-Atom kann in der Haworth-Projektionsformel entweder nach unten oder nach oben zeigen. Es gibt daher in der Haworth-Projektion zwei verschiedene Glucosemoleküle, die man als **α-** und **β-Glucose** bezeichnet.

Haworth-Projektionsformeln von α- und β-Glucose:

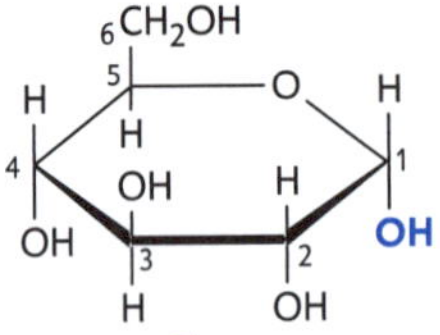

α-Glucose

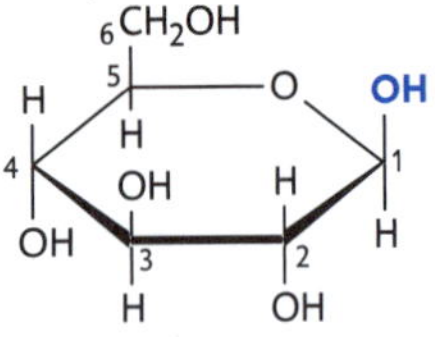

β-Glucose

Mit Glucose und anderen reduzierenden Zuckern verläuft die **Fehling-Probe** (vgl. S. 101) positiv, da sich das Halbacetal in wässriger Lösung öffnen kann. Die leicht oxidierbare Carbonylfunktion wird zur Carboxygruppe oxidiert und Cu^{2+}-Ionen gleichzeitig zu schwer löslichem Cu_2O reduziert. Der ziegelrote Niederschlag von Kupfer(I)-oxid zeigt dabei das positive Ergebnis dieser Nachweisreaktion an.

Fructose

Der bekannteste Vertreter der **Ketosen** ist die Fructose (Fruchtzucker), die in vielen Früchten vorkommt. Fructose ist ein Konstitutionsisomer der Glucose.
Auch bei der Fructose kommt es zu einer intramolekularen Ringbildung (Halbketalbildung). Dabei kann etwa die Hydroxygruppe am C 5-Atom unter Ausbildung eines **Fünfrings** an die Ketogruppe addieren. Je nachdem, ob die neu gebildete OH-Gruppe am C 2-Atom in der Haworth-Projektionsformel nach oben oder nach unten zeigt, unterscheidet man zwischen **α-** und **β-Fructose.**

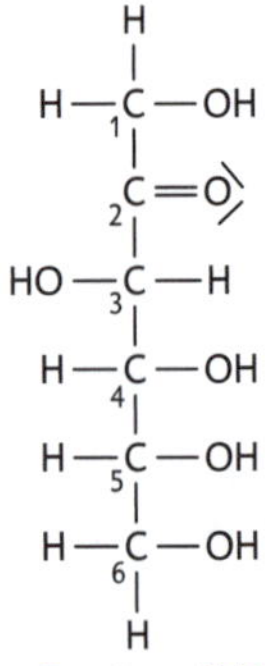

Fructose $C_6H_{12}O_6$
(Fischer-Projektionsformel)

Haworth-Projektionsformeln von α- und β-Fructose:

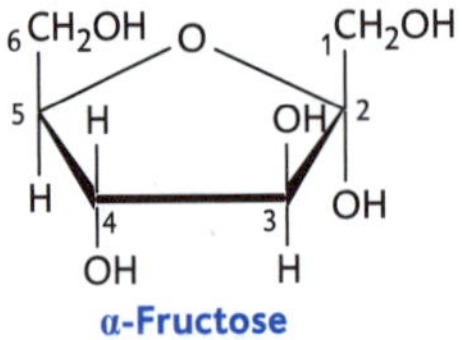

α-Fructose

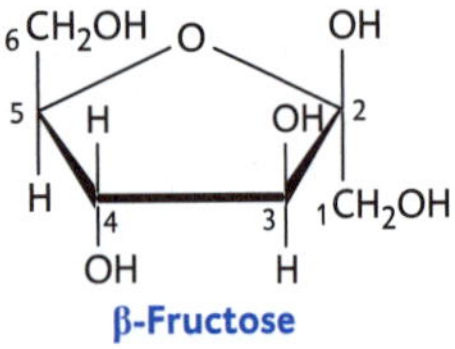

β-Fructose

Saccharose

Saccharose, auch unter dem Namen Haushaltszucker bekannt, ist ein **Disaccharid** (Zweifachzucker), da hier ein α-Glucosemolekül und ein β-Fructosemolekül über eine Sauerstoffbrücke miteinander verknüpft sind. Diese Art der Bindung wird als **Glykosidbindung** bezeichnet. Die Hydroxygruppe am C 1-Atom der α-Glucose reagiert unter Wasserabspaltung **(Kondensation)** mit der Hydroxygruppe am C 2-Atom der β-Fructose (1,2-glykosidische Verknüpfung).

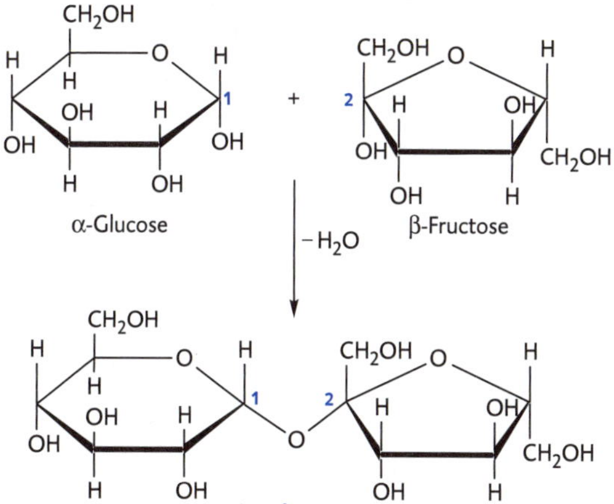

Saccharose

Die in den Zuckermolekülen enthaltenen zahlreichen polaren OH-Gruppen bewirken die **Wasserlöslichkeit** von Glucose, Fructose und Saccharose und sind verantwortlich für den süßen Geschmack dieser Stoffe.

Stärke

Glucose, die von Pflanzen bei der Fotosynthese gebildet wird, wird in Form von Stärke gespeichert.

> Stärke ist das wichtigste **Speicher- und Reservekohlenhydrat** der Pflanzen.

Pflanzliche Stärke ist keine einheitliche Verbindung, sondern setzt sich aus den beiden Bestandteilen **Amylose** (ca. 20 % der Stärke) und **Amylopektin** (ca. 80 % der Stärke) zusammen, die sich wiederum aus α-Glucosemolekülen aufbauen. Da Amylose im Gegensatz zu Amylopektin wasserlöslich ist, spricht man auch von löslicher und unlöslicher Stärke.
Amylose besteht aus bis zu 1000 α-Glucosemolekülen, die 1,4-glykosidisch miteinander verknüpft sind. Diese Verknüpfung bewirkt, dass sich die unverzweigte Amylosekette **spiralförmig** aufwindet. Durch Einlagerung von Jodmolekülen in die Spirale entsteht der **blauviolette Jod-Stärke-Komplex**, der dem Nachweis von Stärke dient.

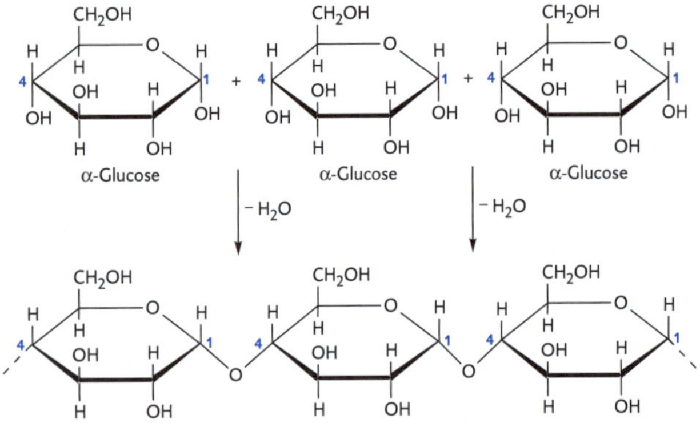

Molekülausschnitt der Amylose

Im Amylopektin sind ca. 15000 α-Glucosemoleküle zu einem **verzweigten** Makromolekül verknüpft. Neben 1,4- treten hier auch 1,6-glykosidische Bindungen zwischen den Glucosemolekülen auf.

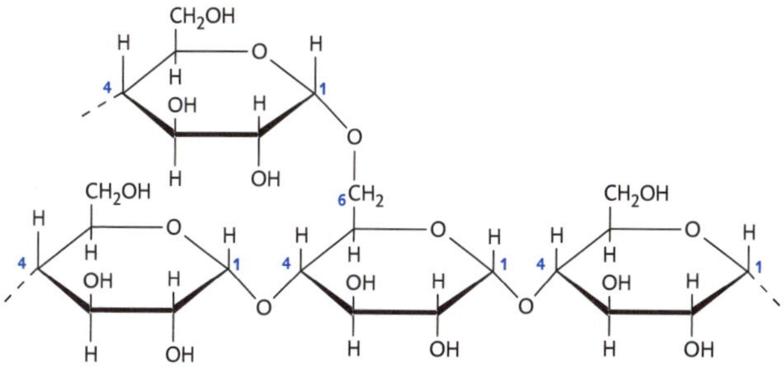

Molekülausschnitt des Amylopektins

Stärke ist in Reis, Kartoffeln, Weizen etc. enthalten und wird bei der Verdauung enzymatisch in Glucosemoleküle gespalten, die über den Dünndarm ins Blut und von dort in die Körperzellen gelangen. Hier werden sie zur Energiegewinnung verstoffwechselt.

Cellulose

Cellulose ist der Hauptbestandteil der pflanzlichen Zellwand. Holz, Baumwolle und Flachs sind besonders reich an dieser **Gerüstsubstanz**. Im Unterschied zur Stärke sind am Aufbau der Cellulose **β-Glucosebausteine** beteiligt, die 1,4-glykosidisch verknüpft sind.

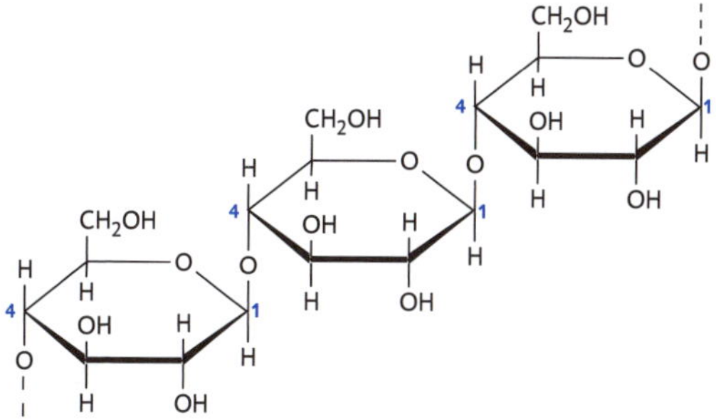

Molekülausschnitt der Cellulose

Die Celluloseketten sind **unverzweigt** und bestehen aus bis zu 16000 Glucosemolekülen. Über Wasserstoffbrückenbindungen werden die linearen Ketten eng zusammengelagert und bilden sogenannte **Mikrofi-**

brillen, aus denen sich das stabile Gerüst von Pflanzenzellwänden aufbaut. Cellulose ist **wasserunlöslich** und kann von Mensch und Tier **nicht** verdaut werden.

3.3 Aminosäuren und Proteine

Aminosäuren

Aminosäuren sind die Bausteine der Proteine. Von den ca. 300 in der Natur vorkommenden Aminosäuren sind lediglich 20 am Aufbau von Proteinen beteiligt. Es handelt sich dabei um die sogenannten **proteinogenen** Aminosäuren.

> Aminosäuren sind Verbindungen mit einer **Carboxy-** und einer **Aminogruppe.**

Alle proteinogenen Aminosäuren sind 2-Aminosäuren oder **α-Aminosäuren**, d. h., die Aminogruppe ist an das C-Atom (α-C-Atom) gebunden, an dem sich auch die Carboxygruppe befindet.

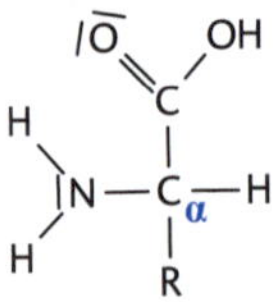

In ihrem organischen Rest R unterscheiden sich die Aminosäuren voneinander.

Beispiel Beispiele für proteinogene Aminosäuren:

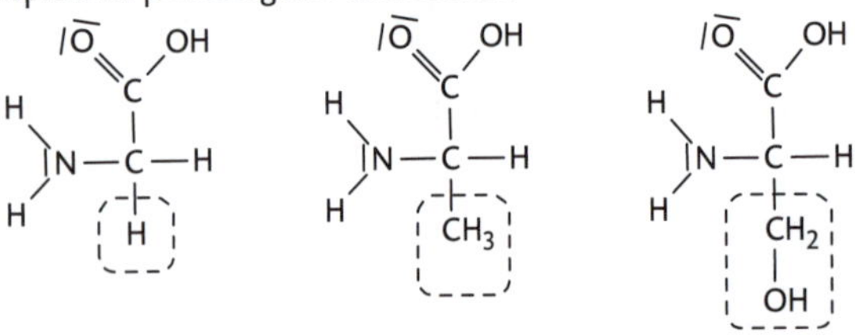

Glycin (Gly) (2-Aminoethansäure)

Alanin (Ala) (2-Aminopropansäure)

Serin (Ser) (2-Amino-3-hydroxypropansäure)

Da Aminosäuremoleküle sowohl über eine **sauer reagierende** Carboxygruppe als auch über eine **basisch reagierende** Aminogruppe verfügen, kommt es innerhalb des Moleküls zu einem Protonenübergang von der Carboxy- auf die Aminogruppe. Die Aminosäure liegt dann als **Zwitterion** vor.

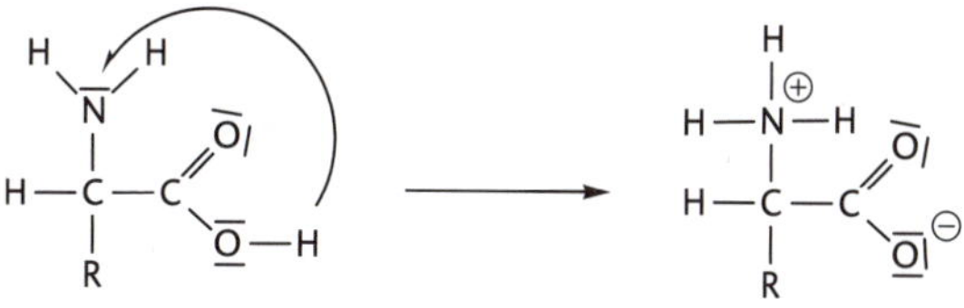

Zwitterion

Sowohl im festen Zustand als auch in wässrigen Lösungen mit bestimmten pH-Werten kommen Aminosäuren in Form von Zwitterionen vor.

Eigenschaften und Reaktionsverhalten der Aminosäuren werden maßgeblich durch die saure Carboxygruppe, die basische Aminogruppe und den organischen Rest geprägt.
Alle Aminosäuren sind Feststoffe mit **sehr hohen Schmelztemperaturen**. Da zwischen den Zwitterionen starke elektrostatische Anziehungskräfte wirken **(ionische Wechselwirkungen)**, muss entsprechend viel Energie zugeführt werden, um die Aminosäuren in den flüssigen Zustand zu überführen.
Aminosäuren können als Brönsted-Säuren und als Brönsted-Basen wirken. Dabei gibt – ausgehend von der Zwitterionenstruktur – die Ammoniumgruppe ($-NH_3^-$) gegenüber Basen ein Proton ab und die Carboxylatgruppe ($-COO^-$) nimmt gegenüber Säuren ein Proton auf.

Peptide und Proteine

Aminosäuren können zu Peptiden oder Proteinen verknüpft werden. Dabei reagiert die Carboxygruppe einer Aminosäure mit der Aminogruppe einer weiteren Aminosäure unter Wasserabspaltung. Die entstehende Bindung zwischen den Aminosäuren wird als **Peptidbindung** bezeichnet.

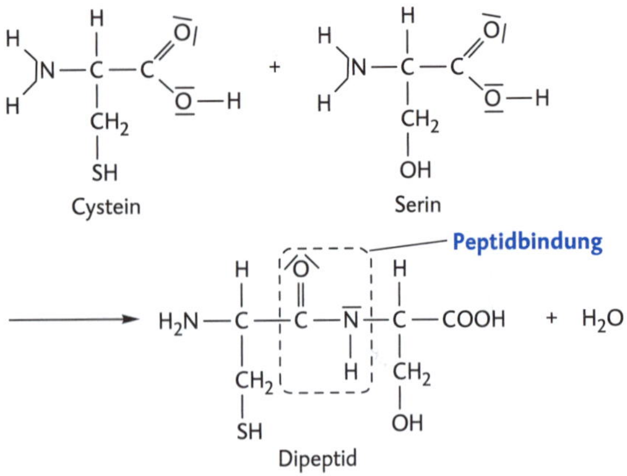

Je nach Anzahl der beteiligten Aminosäuren unterscheidet man zwischen **Di-, Tri-, Tetrapeptiden** etc. **Oligopeptide** setzen sich aus bis zu 10, **Polypeptide** aus bis zu 100 Aminosäuren zusammen. Sind mehr als 100 Aminosäuren an einem solchen Makromolekül beteiligt, spricht man von einem **Protein**.

Proteine weisen eine geordnete räumliche Struktur auf, die für deren biologische Aktivität von großer Bedeutung ist. Wird die räumliche Struktur z. B. aufgrund von Hitzeeinwirkung zerstört, so kann das Protein seine Funktion im Stoffwechsel nicht mehr erfüllen.
Bei der räumlichen Struktur werden **vier Strukturebenen** unterschieden. Die **Primärstruktur** gibt die Reihenfolge der Aminosäuren (Aminosäuresequenz) im Proteinmolekül an. Die **Sekundärstruktur** beschreibt die räumliche Struktur der Proteinkette, die durch Wasserstoffbrückenbindungen stabilisiert wird. Zwei räumliche Anordnungen treten dabei in Proteinen besonders häufig auf: Die **α-Helix**, in der sich die Aminosäurekette schraubenförmig anordnet, und die **β-Faltblattstruktur**, in der die Aminosäureketten die zickzackförmige Gestalt eines gefalteten Blatt Papiers annehmen. Die α-Helix wird durch innermolekulare Wasserstoffbrücken zusammengehalten, die β-Faltblattstruktur durch Wasserstoffbrücken zwischen gegenüberliegenden Polypeptidketten.

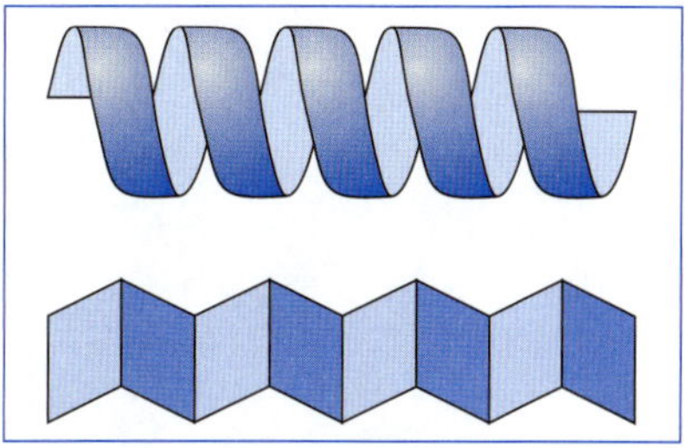

Abb. 50: Helix- (oben) und Faltblattstruktur (unten)

Die dritte Strukturebene, die **Tertiärstruktur**, beschreibt die dreidimensionale Anordnung des gesamten Proteinmoleküls, also die Anordnung der einzelnen Proteinabschnitte mit verschiedenen Sekundärstrukturen im Raum. Bestehen Eiweiße aus mehreren Proteinketten, so beschreibt die **Quartärstruktur** die räumliche Anordnung dieser Ketten zueinander.

Beispiel

Insulin bildet Hexamere aus sechs identischen Insulinmolekülen aus. Erst wenn es in Einzelproteine zerfällt, kann es seine Funktion als Regulator des Blutzuckerspiegels erfüllen.

Stichwortverzeichnis

(Bitte blättern Sie um)

Kompakt-Wissen Gymnasium

Mathematik Algebra .... Best.-Nr. 90016
Mathematik Geometrie .... Best.-Nr. 90026
Mathematik Grundwissen Bayern Best.-Nr. 900168
Deutsch Rechtschreibung .... Best.-Nr. 944065
Deutsch Aufsatz
Unter-/Mittelstufe .... Best.-Nr. 904401
Englisch Kurzgrammatik .... Best.-Nr. 90461
Englisch Grundwortschatz .... Best.-Nr. 90464
Geschichte Unter-/Mittelstufe .... Best.-Nr. 907601
Latein Kurzgrammatik .... Best.-Nr. 906011
Französisch Kurzgrammatik ...... Best.-Nr. 945011
Französisch Grundwortschatz..... Best.-Nr. 905001

Arbeitshefte Gymnasium

Deutsch 9. Klasse, Zusammen leben –
zusammen arbeiten .... Best.-Nr. 9554091
Deutsch 10. Klasse, Massenmedien –
Stereotype/ Vorurteile .... Best.-Nr. 9554011
Deutsch 10. Klasse .... Best.-Nr. 9554015
Geschichte 5./6. Klasse, Früheste Spuren
in der Geschichte – Menschen in der
Antike und im Mittelalter .... Best.-Nr. 9557651
Latein 8./9. Klasse, Caesar:
Britannien-Expedition .... Best.-Nr. 9556001
Latein 9. Klasse, Rom und
Europa .... Best.-Nr. 9556091
Latein 10. Klasse, Cicero: Briefe Best.-Nr. 9556011
Bildungsstandards Englisch *Reading*
Mittlerer Schulabschluss B1 .... Best.-Nr. 101550
Französisch 10./11. Klasse, *Devenir adulte*
ohne Audio-CD .... Best.-Nr. 9555011
mit Audio-CD .... Best.-Nr. 9555013
Spanisch 3. Lernjahr, *El mundo de los jóvenes*
ohne Audio-CD........................... Best.-Nr. 9555411
mit Audio-CD .... Best.-Nr. 9555413
Sport Trainingslehre .... Best.-Nr. 9559803

Lektüren

Englisch

Alan Cartmell: *The Adventures of*
Larry Lemming – Unterstufe ...... Best.-Nr. 250030
Alan Cartmell: *Harry Hedgehog*
Unterstufe .... Best.-Nr. 250032
Alan Cartmell: *A Dog Called Leo*
Unterstufe .... Best.-Nr. 250033
Alan Cartmell: *The Green Feather*
Unterstufe .... Best.-Nr. 250034
Liam Cleary: *Echoes and Other*
Short Stories – Mittelstufe .... Best.-Nr. 250008
Rainer Jacob: *Abenteuer-*
geschichten 1 – Mittelstufe .... Best.-Nr. 80454

Französisch

Sibylle Treugut: *Aventure en Corse et autres contes*
et nouvelles – Mittelstufe .... Best.-Nr. 255002
Emmy Muguet/Christiane Heller-Doyère:
Sur la trace des ours et autres contes
et nouvelles – Mittelstufe .... Best.-Nr. 255004

Latein

Rom und die Christen .... Best.-Nr. 260003
Phaedrus: Fabeln .... Best.-Nr. 260004
Die Frau im antiken Rom .... Best.-Nr. 260005
Apollonius – eine antike Soap? .... Best.-Nr. 260006
Antike Medizin .... Best.-Nr. 260007
Petri Abaelardi Historia
Calamitatum .... Best.-Nr. 260008

Sprachenzertifikat · DELF

Sprachenzertifikat Englisch Niveau A2
mit Audio-CD .... Best.-Nr. 105552
Sprachenzertifikat Englisch Niveau B1
mit Audio-CD .... Best.-Nr. 105550
Sprachenzertifikat Französisch DELF B1
mit MP3-CD .... Best.-Nr. 105530

Natürlich führen wir noch mehr Titel für alle Schularten. Wir informieren Sie gerne!

Telefon: 0180 3 179000* **www.stark-verlag.de**
Telefax: 0180 3 179001* **E-Mail: info@stark-verlag.de**

Bestellungen bitte direkt an:
STARK Verlagsgesellschaft mbH & Co. KG · Postfach 1852 · D-85318 Freising
Telefon 0180 3 179000* · Telefax 0180 3 179001*
www.stark-verlag.de · info@stark-verlag.de
*9 Cent pro Min. aus dem deutschen Festnetz, Mobilfunk bis 42 Cent pro Min.
Aus dem Mobilfunknetz wählen Sie die Festnetznummer: 08167 9573-0

Lernen · Wissen · Zukunft
STARK

20-V1M